小江活动断裂带断口地质与工程研究

苑郁林　著

中国铁道出版社

2017年·北京

内 容 提 要

本书依据以往地震资料、地质资料和现有勘察、物探资料为基础,结合交通工程自身的特点,通过理论研究、技术分析,探讨活动断裂带内各种地质灾害对工程的影响,以及工程对地质灾害的加速产生,并结合工程实际进一步讨论工程与地震、地灾环境的适应程度。主要内容分三大部分:地震效应对工程的影响;震后效应、断裂带活动效应对工程的影响;活动断裂带断口地表演变规律。

图书在版编目(CIP)数据

小江活动断裂带断口地质与工程研究/苑郁林著. —北京:中国铁道出版社,2017.10

ISBN 978-7-113-23422-5

Ⅰ.①小… Ⅱ.①苑… Ⅲ.①河流—活动断层—断裂带 Ⅳ.①P315.2

中国版本图书馆 CIP 数据核字(2017)第 174175 号

书　　名:小江活动断裂带断口地质与工程研究
作　　者:苑郁林

责任编辑:王　健　　　　**编辑部电话:**010-51873065
封面设计:王镜夷
责任校对:苗　丹
责任印制:高春晓

出版发行:中国铁道出版社(100054,北京市西城区右安门西街 8 号)
网　　址:http://www.tdpress.com
印　　刷:中国铁道出版社印刷厂
版　　次:2017 年 10 月第 1 版　2017 年 10 月第 1 次印刷
开　　本:880 mm×1 230 mm　1/32　印张:7　字数:192 千
书　　号:ISBN 978-7-113-23422-5
定　　价:42.00 元

作 者 简 介

苑郁林，从事隧道、地铁和采矿工程设计研究工作二十余载，曾任多家设计院的专业总工、硕士生导师、中国土木工程学会会员，擅长特长隧道、冻土隧道、黄土隧道、水工隧洞、隧道支护理论、工程地质、隧道通风、风险评估、施工组织等技术，发表专业论文数十篇。美国 m_Tunnel 工程咨询公司创始人，目前主要从事岩土工程、隧道设计及理论的咨询、研究工作。

前　言
PREFACE

随着我国经济和社会生产力的快速发展，内地与青藏高原地区的联系日益紧密，交通条件逐渐改善。高速铁路和高等级公路的修建，必将穿越青藏高原边缘，不可避免地会遇到多条大型活动断裂带。高等级和高速度交通工程无论是桥梁上跨还是隧道穿越活动断裂带，活动断裂带都将对工程的等级和速度形成制约，最终会影响到国家交通网均衡性发展问题。

在工程地质中，活动断层或断裂带具有极为重要的地位，决定着工程的复杂性、安全性、服务年限、投资的高低等，更重要的是直接影响工程的可行性。工程对曾经活动过的断裂带开挖，或穿行在正在活动的断裂带之上，都将产生大小不同的工程风险或运营风险。线状的交通工程将稳定板块和活动断裂带联系到一起，最终产生的工程灾害绝大多数都发生在板块结合部的活动断裂带上。对活动断裂带的研究就成为工程研究的重点。

小江断裂带属于一级板块内部的次级构造带，属于板块内构造运动的接触面。是亚洲大陆内部一条极为活跃的断裂带，现在仍具有强大的活动性，被视为全球近代最活跃的断裂之一，是世界上著名的强震带、活动带、应力显现带。本书结合云南省东川市规划的功山至东川高速公路的研究工作，对设置在小江活动断裂带功东段东支沟内、行走在断裂带开口上的交通工程，提出活动断裂带“断口”概念及断口内地质、地灾、地震的特殊性，研究活动断裂带内部与露头形成的沟谷对工程的影响，以及对高等级工程、对位移错动高敏感度工程，比如高速铁路、大型桥梁、横跨断裂带的桥梁、高坝、核电站等的制约强度，隧道穿越活动断裂带形成的衬砌将无法抵抗断裂带的活动，海底隧道会因穿越活动断裂带而放弃建设。规划中的高速铁路或高速公路在活动断裂带前将被降速并降低工程的服务年限。避让活动断裂带断口应是重大工程场地选择、核电站选址和城市生命线工程布设的重要准则，是项目可行性的重要评定指标。

这是一项实用性、针对性强的研究，其中包括以往很多实地调研、勘探、结论等科研成果，将地球板块学理论、地质学理论、断层学理论和小江断裂带研究成果运用到交通工程上，指导和论证工程项目的可行性和实施性，保证能及时为设计研究单位提供有价值的研究成果。另一方面，着重说明活动断裂带在地表活动的表象和结果，活动区内的地质灾害不能被认为是单独的地质现象，这种地质活动亦是活动断裂带整体活动的一部分，它对活动区内的人类活动有超强的颠覆作用。

本书共分为十章，以研究小江断裂带自身发震、蠕变、地质、地灾、地应力等为主，对断裂带露头部位形成的沟谷——断口，做了系统性地风险判断，以及对工程影响的研究。第一章活动断裂带与工程，简要介绍工程对活动断裂带认识的必要性；第二章阐述了覆存条件下断裂带的内部构造；第三章活动断裂带断口内活动状况对交通工程的影响；第四章陈述小江断裂带历年来考察研究成果；第五章研究小江断裂带功山至东川段浅层沟谷内的力学特性；第六章总结出功山至东川段活动断裂带断口内泥石流与活动断裂带之间的关系;第七章归纳出小江断裂带断口内已有大型土木工程受灾状况;第八章对小江活动断裂带功山至东川段断口内的地质进行评价;第九章提出断口内地震安全性评价及工程建议;第十章对全书重要观点进行总结。

本书由苑郁林著,全书由李国良、刘赪、毛金龙补充、修改,在编写过程中,得到了苏交科集团股份有限公司、中铁第一勘察设计院集团有限公司、兰州铁道设计院有限公司的大力支持,其中需要感谢王智平、姬云平、兰建、Heather Lin、武文斌、祁婷、计月华、刘传积、何长生等的帮助和支持。

鉴于作者的水平及认识有限,书中难免有不妥之处,希望得到更多专家和读者的批评指正。作者邮箱:yuanyulin12345678@hotmail. com。

苑郁林

2017年7月于特拉维夫

PREFACE

With the rapid social and economic development, human activities have gradually expanded throughout the China, from major cities to the rims of Qinghai-Tibet plateau. High-speed railways and highways are being constructed from all directions crossing the plateau, which inevitably encounter many active fault zones. The quality and progress of such transportation projects, bridges or tunnels, are severely limited by these active fault zones, and eventually impact the overall development of the entire transportation network of the country.

In engineering geology, active fault lines or fault zones are extremely important factors. They determine the complexity, safety, length of usage and amount of investment of the engineering projects. More importantly, they dictate the feasibility of the projects. Digging on non-active fault lines or building over active fault zones creates various risks for engineering constructions or in future operations. Most of construction failures happen when the transportation projects are close to the areas that the tectonic plates and fault zones meet. As a result, studying fault zones has been the focus in engineering research.

Xiaojiang Fault Zone is a secondary structural zone inside a primary plate, and is the contact area of the moving tectonic plates. It is one of the most active fault zones in continental Asia. Because its current strong activities, it is also known as a strong seismic, highly active and stress-display zone. In this book, a concept of "fracture outcropping valley" (FOV) within the active fault zone is proposed, after studying of the design of highway from Gongshan to Dongchuan in City of Dongchuan in Yunnan Province, and the construction of this section of the highway starting in the east branch trench, built along the opening of the fault zone. This book also discusses the unique characteristics of the geology, earthquake and seismic inside the fractures, analyzes the impact to this highway construction projects by the trench formed at the fault zone above the ground, suggests the level of limitations caused by fractures to highway projects and shift-dislocation sensitive projects, e.g. high-speed railways, large bridges, fault-zone-crossing bridges, high dams and nuclear power plants, etc. As a result, the protective lining in tunnels crossing fault zones cannot resist the fault zone activities, or worse, an underwater tunnel project has to be abandoned reaching the fault zone. Most of the projects are forced to reduce the speed limit or length of service around the fault zone. Avoiding these fractures should be one of the most important guidelines in location selection for large transportation projects, nuclear power plants and city lifelines. It should be one of the most important criteria in feasibility research.

The FOV concept introduced in this book will be useful to some specific transportation construction projects. Research results and conclusions are performed by analyzing data from onsite measurements and investigation, and landscape surveying, combining theories in Tectonic Plate Science, Geology, Tomography and studies to Xiaojiang Fault Zone. It provides guidelines and proofs to the feasibility and implementation of an engineering project. This research will be a valuable reference to engineering design professionals. On the other hand, this research is to interpret the relationship of the appearance and potential danger around the surface of active fault zones. Any individual geological disaster within the active zone is not an isolated event. It is part of a series of chain geological activities. If these single minor activities are ignored, the consequence to human activities could be devastating and destructive.

There are total 10 chapters in this book. Based on the research and study of the origin, transformation timeline, geology, earthquakes and ground stress of Xiaojiang Fault Zone, the term FOV is introduced to refer the trench valley formed by the part of fault zone that is above the ground. A systematic analysis of the risk factors and potential consequences to is presented to emphasize the importance of fractures to engineering projects. The first chapter is "Active Fault Zone and Engineering", an introduction to the importance of understanding fault zone. Chapter 2 describes the internal structures of hidden area within active fault zones. Chapter 3 lists the impact of fault zone fractures to transportation constructions engineering. Chapter 4 states a series of expedition and research data and result in the past. Chapter 5 is about the mechanical properties of the trench valley between Gongshan and

Dongchuan of Xiaojiang Fault Zone. Chapter 6 summarizes the relationships between debris flows and fracture locations within the same area as in Chapter 5. Chapter 7 presents recent disasters of major civil engineering projects affected by the activities in Xiaojiang Fault Zone. Chapter 8 evaluates the geological characteristics between Gongshan and Dongchuan on Xiaojiang's FOV. Chapter 9 proposes methods to maximize safety and design shockproof project within FOV. The last chapter restates the major points that are discussed and concluded in this book.Email: yuanyulin12345678@ hotmail. com

Yuan Yulin

In July 2017, was written in Tel Aviv

目　录
CONTENTS

1 活动断裂带与工程

研究活动断裂带(断层)及其断裂带的性质,关系到核电站、坝体、大型桥梁、钻井平台、海底河底隧道、生命线工程的选址,以及城市土地的开发和工程安全行评价。在工程地质中,活动断层或断裂带具有极为重要的地位,决定着工程的复杂性、安全性、服务年限、投资的高低等。

地学上活动断裂带被认为是地球上岩体的分割线,同时又是板块之间、岩体之间力学转换传递、位移变动的介质;活动断裂带是产生地震的发源地,是地灾最为严重的带状区域。总之,与其说地壳是由岩体组成的,不如说地壳是由断裂带分割出来的,断裂带的活动性更能说明地貌演变的剧烈程度,研究断裂带对区域内的地质稳定性、工程的可靠性更具有针对性。

1.1 活动断裂带(断层)地学上的定义

地球海洋海沟的扩展和大陆板块的挤压碰撞,使得地壳构造发生强烈变动,第四纪活动断裂带存在诸多形式,或成组出现,或平行或串联,活动断裂带走向与大陆板块的运动呈相关性。活动断裂带呈现出突发性地震活动或无震蠕滑运动,自第四纪以来,震级大、频率高的地震持续活动,是地球表面山脉、沟壑再次塑造的动能之一。活动断裂带具有长期滑动、内力持续演变、突然发震、震后地应力重新分布等特征。

学术界对活动断裂带(断层)的定义具有多样性,以研究地球演变时间跨度的不同,形成多种定义。其中时间跨度较短的定义有以下几种:晚第四纪(距今10万~12万年)以来有活动的断层为活动断层(中国地震局,2009);中国《岩土工程勘察规范》中定义为全新地质时期(1万~1.1万年);美国原子能委员会(USNRC)定义为在3.5万年内有过一次或多次活动的断层、与其他活动断裂带有联系的断层、沿该断裂发生过蠕动或微震活动的断层;国际原子能机构(IAEA)的定义为在晚第四纪有过活动,或该断裂有地面破裂的证据。

地学上认为,在中国大陆,许多证据表明中更新世末至晚更新世初有一次普遍的构造活动,而且在许多地方这次活动一直持续至今,区域主压应力方向自晚更新世以来没有发生明显变化,有过活动的断层现在或不远的将来仍有发生活动的可能(李玶,1977, 1989)。在地层上,我国中更新统与上更新统在大部分地区岩性、色调迥异,容易区分,而上更新统与全新统相比,前者分布较为普遍,且有一定的厚度,可在地层上显示出时间上的差别,是鉴别活断层地层基础。鉴于此,地学上把晚更新统以来,也即距今大约10万~15万年(距我国马兰黄土大部分的测年结果)以来有过活动的断层称为活断层,它们现在或不远的将来仍有活动的可能。

活动断层的年代问题是活动断层研究的一个主要内容。上述各方的定义对活动断层的活动时限尚未实现统一规定,严格讲,活动断层是指现代仍在活动的断层,但是由于研究水平和技术手段的限制,在实际工作中确定一条断层现代是否活动仍有困难。考虑到构造活动的继承性,在具体工作中往往将活动时限加长。从地震地质研究的角度,多数人主张将第四纪以来有过活动的断层定义为活断层(丁国瑜,1982;马杏垣,1987)。这是因为第三纪和第四纪之间本区普遍有过一次明显的构造活动。近一二十年来,因工程建设上的需要,考虑到第四纪早期活动的断层,由于应力场的改变,其后不一定再活动。因此工程上希望将活断层的时限定得更短些,以避免把服务期内不活动的断层当成活断层来考虑。

1.2 活动断裂带的活动方式

地震方式产生的突然滑动和平时缓慢的蠕动是断层活动的两种基本方式。并非所有的断层活动都伴有地震发生,只有断层的黏滑活动才有强震产生,而断层的蠕滑运动往往只激发弱震或没有明显的地质活动。

在大陆内部大量交织成网的断裂中,有不少断层不具备明显的位移错动,但是断裂的两盘处于经常反复错动未愈合状态。它们也是地壳断裂活动的一种很普遍的形式,称其为旷动(丁国瑜,1982)。

大型断裂带上不同位置会显示出不同的活动方式,这与整条断裂带的活动趋势有关,常用活动趋势定义整条活动断裂带的活动方式。断层的活动方式主要取决于材料的性质、覆存状态,活断层不同的活动方式直接影响其上地震活动的强度。但是同一断层段在不同阶段表现出不同的活动方式,应变速率、破裂程度对断层的活动方式也有影响。

断层平均滑动速率是作为衡量断层活动强度的一个重要指标。许多学者都根据断层的滑动速率来对断层活动强度进行分级(松田时彦,1976;马杏垣,1987)。特别是将断层滑动速率与强度重复间隔联系起来后,就成了定量描述断层活动强度的参数。宏观上看青藏板块周边的活动断裂带,可以从所在的位置确定其活动强度,位于青藏板块顺时针旋转的主要界面上的活动断裂带都属于高等级的活动带。活动断裂带活动强度总体上与板块漂移的活跃程度有直接的关联。

1.3 工程对断层活动期的要求

工程的设计使用寿命目前最长为300年,大多数大型工程为100~120年,晚第四纪以来12万年这个时间跨度对人类具有明确使用寿命的工程而言,过于长久。另外,活动断层的活动具有周期性和相对稳定性,工程在地质演变过程中,只是沧海一粟,因此,活动断层活动年限与工程建设年限、使用年限存在匹配问题。

地震学者徐煜坚(1982)、邓起东(1991)将“活动断层”定义为“现今正在活动的,并在未来一定时期内仍将可能活动的断层”。该定义对目前人类待建工程而言更具有指导意义,工程中注重的是:在工程施工期间和使用寿命中,活动断层是否具有蠕滑效应,是否会有地震的发生,断层破碎带(面)周边地应力的演变状况对工程有多大的影响等。

当断层具有现今的活动性、未来短期内的发震可能性以及断层构造聚集高能地应力这三个因素之一者,即为工程中所认为的活动断层。

地质中的活动时间跨度远大于工程的使用寿命,因此现今仍在活动的断层,未来的几百年中活动性不会马上渐灭,一旦发现断层目前具有活动迹象,即可认为是活动断层。地质学者所认为的活动遗迹,如活动擦面等,均是在地质年代长河中所考虑的,工程人员需判定是否是晚第四纪内发生的活动,目前断层共同体内的地质环境是否呈现变动趋势。

当断层被判定为工程使用寿命内的发震断层,即可确定为活动断层,或者称为突发性活动断层。

当断层破碎带内及两侧盘体内聚集着能使工程构筑物急剧变形的地应力,这类断层汇集着形成断层时产生的地应力,不会再使断层产生突发活动,也不会引起地震,但仍会因以前的活动引起开挖后地应力的释放、山体的卸载,造成工程的破坏,此类情况也可属于活动断层。

1.4 工程对断裂带上部露头构造演变的认识需求

一个发震或活动的断裂带,从震源到地表,深度可达几十千米,人类工程涉及的地下深度未超过几千米,目前,地下工程中的南非黄金矿井触及 3 580 m(2016 年)的深度上,准备向 5 000 m 深度上开采;世界上现在最深矿井——姆波尼格金矿开采深度为地下 4 350 m(2014 年),如图 1-1 所示,这是人类身临其境最深的深度。俄罗斯卡塔尔的阿肖辛油井钻井深度为 12 289 m(2008 年),俄罗斯在库页岛的 Odoptu OP-11 油井钻井深度 12 345 m(2011 年),为人类触及到的最深地层,如图 1-2 所示。

人类活动出行平面内的隧道工程,目前最大埋深为 2016 年底开通的

图 1-1 姆波尼格金矿开采深度 4 350 m 处的地层

瑞士圣哥达铁路隧道(L-57.1 km)2.5 km,其他的均未超过 1.3 km,绝大多数工程位于地表附近。因此工程对活动断裂带的深部构造及其演绎活动很少涉及,知之甚少。工程所涉及的断裂带深度只属于断裂带的浅部构造,更多的是断裂带出露地表的开口沟谷内,该部分可称作断裂带的断口。

断裂带发震时对工程的影响程度、活动断裂带浅层断层物质内部构造及应力状况、断裂带露头上部覆盖层或断口内山体的活动演变是工程所需要掌握的。

主断裂带整体构造与其浅层构造有以下区别:

(1)大型主断裂带的周边浅部分布着次级断层、褶皱等构造,次级断层与主断裂带没有相同的深度,规模远低于主断裂带,断裂形式各式各样,只与主断裂带的活动方向呈相关性;

(2)主断裂带浅层断层物质是在内部地应力衰减到一定程度后存在着,与深部的断层物质存在方式、物质形态、应力状态等不同,断裂带的浅部构造是可知、可视、可探,但深部构造尚在探索中;

(3)断裂带露头后对地表周边地形有改造、重塑的过程,断层物

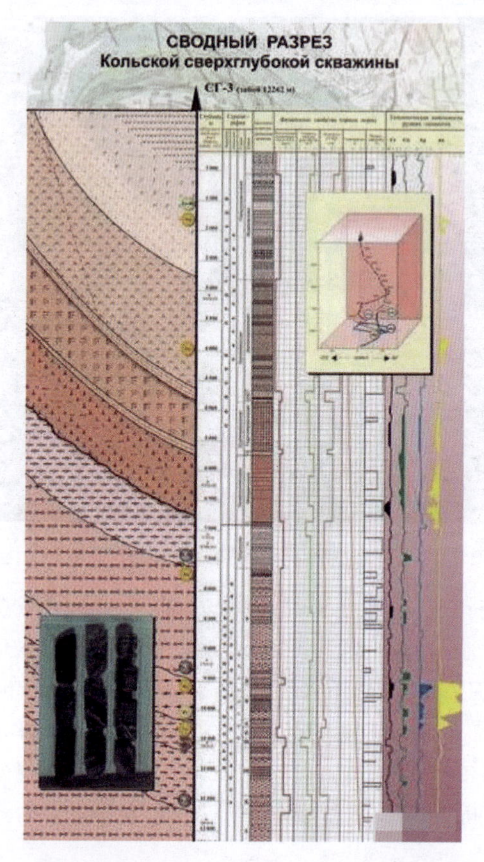

图 1-2　俄罗斯科拉超深钻孔(11 256 m,2006 年)展示图

质地表部分最易流失,形成沟壑、谷地,两侧盘体层层失稳,表现出断裂带活动过程中的衍生构造形态,与断裂带地下演变形态完全不同。

活动断裂带浅层构造,特别是沟底以上山体(断口)都是活动断裂带存在形式中的一个部位,如图 1-3 所示。人类活动和工程所在的区域多会触及活动断裂带的这个部位,断裂带断口内构造演变过程,是工程所需要把握和认识的,活动断裂带露头上的覆盖层、沟内地质活动是断裂带活动不可分割的一部分,需要配合活动断裂带来研究断口内的地质活动。

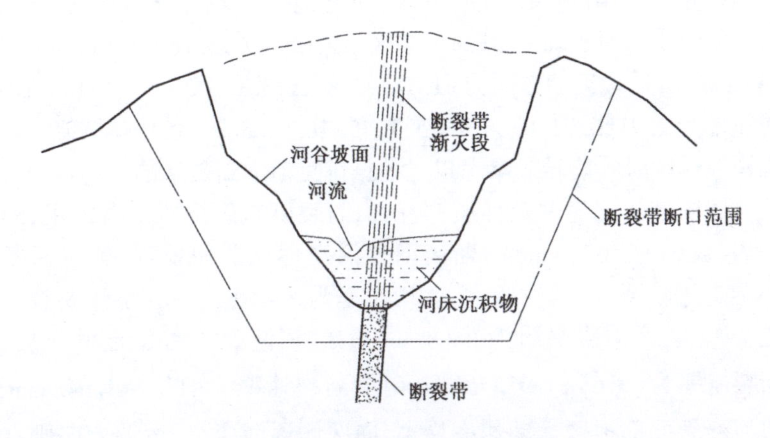

图 1-3 断裂带断口横断面示意图

1.5 我国活动断层所在区域及活动规模

活动断层作为地球表层的一种构造运动现象,我国真正意义上的研究是在 1966 年邢台地震后,活动断层研究的鼻祖为丁国瑜、马宗晋和邓起东等 3 位院士,逐步完善有关活动断层研究理论、方法,在活动断层几何学、运动学和动力学等方面奠定了理论基础。

中国的地震活动主要分布在 5 个地区的 23 条地震带上。这 5 个地区是:①台湾及其附近海域;②西南地区,主要是西藏、四川西部和云南中西部;③西北地区,主要在甘肃河西走廊、青海、宁夏、天山南北麓;④华北地区,主要在太行山两侧、汾渭河谷、阴山—燕山一带、山东中部和渤海湾;⑤东南沿海的广东、福建等地。活动断层在亚洲的分布并不均匀,以沿海地区和青藏高原周边地域较为集中,美洲集中在西海岸,欧洲则集中在欧非板块之间。这些地区与人类活动紧密相容,人类的工程活动与活动断裂带时有交集。

对于各级断裂带的活动规模,唐文清(2015 年)学者基于 GPS 多年监测数据,得出了青藏板块周边多个参考框架的运动速度场:柴达木地块、甘青地块、华南地块、川滇地块、印支地块的现今运动速率分别为(11.95±2.89)、(11.86±2.32)、(7.83±2.08)、(13.18±2.43)、(6.45±1.95) mm/a;地块运动方向为61.1°、93.8°、113.1°、134.8°、141.6°;地块旋转速率为2.91、6.91、0.38、2.15、1.45×10^{-9} rad/a。各块体围绕东喜马拉雅构造作顺时针旋转。参考以上数据可见活动断裂带的活动规模。

单体断裂运动速率及性质:龙门山断裂以右旋挤压走滑为主,运动速率为(1.67±2.07) mm/a,断裂南段活动性比北段要强;鲜水河断裂为左旋走滑断裂,活动性较大,运动速率为8~10 mm/a;小江断裂为左旋走滑断裂,运动速率约为6~8 mm/a;红河断裂为右旋走滑断裂,中段断裂速率为(3.65±1.95) mm/a,南段断裂速率为(1.59±1.94) mm/a。鲜水河断裂北部地区运动速率最大,向两侧逐渐变小,运动方向则自北向南,由西向东,逐渐由北东向转为南东向,呈现出顺时针旋转特征。另外根据青藏高原板块周边地貌形状可以判断该板块一直在顺时针旋转,断裂呈活动性。龙门山断裂带周围以及青藏高原板块的东侧边缘是人类活动、居住的分散区域,各分散点之间的连接工程与活动断裂带时有交集,出现了在发震断口内修筑大型构筑物的迫切性,因此不可避免的需要对各个活动断裂带进行研究。

1.6 活动断层研究的必要性

土木工程以占地状况可分为点状工程、线状工程和面状工程,点状工程如核电站、水库坝体、钻井平台、单体大型桥梁等;线状工程如运输通道——铁路、公路、输油输气管道等;面状工程如城市乡镇的住宅土地的开发、水库库区、机场跑道等。断层出露于地表呈线状延伸,活动断层与工程的地表交汇呈现出多种形式,点状工程坐落在活动断层直接影响范围内、外,线状工程有正交、斜交、平行、重合等,面状工程是否围绕着活动断层为主线进行规划布设等。

我国地质灾害面积占国土面积的60%，人口密集区占国土面积约60%，二者重合区域占国土面积的30%，高等级的交通工程目前正全面深入到中国的西北、西南人口密集区，以及青藏高原内部。交通工程路线跨境长，穿越多种地质构造，另受起终点的限制，将不可避免地与活动断层产生空间上的联系，另外，活动断层又是地震活动的发生地，活动断层与地震危险性成为统一体。因此，工程中对活动断层的研究具有十分的必要性。

1.7　国内外对活动断裂带和地震的研究现状

20世纪以来，一次次灾难性大地震之后，人们才认识到活动断层的重要性，对其的研究才逐步展开和深入，地震与活动断层的关系才被联系统一起来。

1.7.1　活动断裂带与地震

1906年美国旧金山大地震，美国地质调查局(United States Geological Survey(USGS))估计这次震级为7.9级。震中位于接近旧金山的圣安地列斯断层上。自奥勒冈州到加州洛杉矶，甚至是位于内陆的内华达州都能感受到地震的威力，地震导致的地表可见断裂长达470 km。这场地震及随之而来的大火，对旧金山造成了严重的破坏，是世界上主要城市所遭受最严重的自然灾害之一。

美国学者Rawson(1908)认识到地震的震级和地下地质情况有明显的关联：沉积物填满的河谷遭受的地震级数比附近的河床岩石地基要大，并且，最严重的地震发生在旧金山海岸的填海造地坍塌的地方，不同的地质结构拥有不同的地震灾害效果。

美国学者Reid (1910) 通过研究这次地震地表的位移和应变，公式化了他的关于地震源的“弹性回跳”理论，这个理论在今天为研究地震周期仍具有参考价值。该理论认为地震与断层的运动关系极大：地壳岩石承受的弹性(剪切)应力小于其极限值时,地壳岩石不会断裂,原岩内部分布着有规律的断裂及其活动性,说明板块间及其内部蕴藏着超过岩石极限弹性应力值,断裂后的岩体有规律地释放其内部的弹性应力。最初的断裂发生在岩体抗剪能力最薄弱的岩面上,下一次的断裂会向最初断裂的两端或一端延伸,并以不超过岩石纵波的速度扩展。岩石内的孔隙水可以降低和削弱岩石的抗剪能力,较干燥岩体易产生断裂,无需达到极限值的弹性应力即可切断岩体,断裂向下延伸的岩体被水侵蚀后,再次形成液体孔隙压力作用,断裂随着地震再次向下发生。液体孔隙压力也可以解释水库蓄水后引发地震,深井高压注水激发地震,边坡滑动,岩体表面浇水消减岩爆强度等现象。

地壳上部断层带内黏滑作用面上集聚围压和应力差达到一定值时,会突然产生滑动,并释放岩石中赋存的部分应力,可在同一断裂上产生多次地震。黏滑现象是浅源地震的一种可能的机制(Brace, Byerlee, 1966)。一次黏滑应力释放后,在该断裂的其他部位又会形成新的成组黏滑面,整个断裂面内会出现黏滑强度的不均匀性和同一断层内地震发生的位置不同、强度不同等现象。

直下型活动断裂聚集的能量突然释放,导致断裂突发性地快速错动,产生巨大的地震。地震产生的地表错动或能量的释放,可沿着地震所在断层进行,呈条带状扩散,也可以与相邻活动断层成组整体发生。从地震遗迹和有记录的地震活动来看,所有的地震都发生在当时的活动断层上,无论震源深度是 10 km 还是 50 km,活动断层是产生地震的根源。地震会沿着断层的走向产生地表破坏,人员、建筑物破坏明显大于断层两侧的其他区域,7 级以上地震往往造成活动断层地表数米的错动。

地震能量均是从既有的活动断层面上迸发出来的,并沿着断裂面迅速扩展,但尚不清楚深部集聚的地震能量是沿着既有薄弱面(断层面)喷泻出来,还是地震能量就汇集在深部断层面上,也不清楚相邻活动断层是否有共同的震源,同组的活动断层各断层面是否交汇在一个深度内。

断裂带在地球表面呈现出的分布状态:卫星图片显示,在板块间正向挤压或板块内部的张拉作用下,同组断裂带呈现出等距离平行分布,横向断裂带也呈等距平行，与纵向断裂带呈70°夹角，将地壳表面分割成菱形块体。板块间的断裂带走向与板块的边缘线轮廓重合，板块间接触面两侧平行分布着这类断裂带。

1.7.2 地震危险性概率分析

对某断层地震危险性概率的确定，各国采用的方式基本相同：收集某活动断层以往历史资料，区域内分析，活动性趋势判断，实地探测，专业性指导等。

我国的具体方法为：收集整理现有关于区域地震活动性、地震地质背景、地震构造、历史地震影响及地球物理场、构造应力场等研究与分析资料；收集、补充调查工程近场区地震活动性和地震构造资料，以《中国地震动参数区划图》潜在震源区划分及相应地震活动性参数为基础，对潜在震源区及其地震活动性参数作必要修订；采用地区地震动衰减关系；利用地下探测设备，收集断层两侧应力强度、变化趋势、放射波的强度等；用专业地震部门推荐的地震危险性分析测算方法，计算分析工程场地50年超越概率63%、10%、2%的基岩地震动参数。

1.7.3 地震动参数的确定

地震动参数的确定是一个针对相关区域、具体活动断层、当下时段、工程特点的具有很强针对性和差异性的分析过程。

在我国现行抗震设计规范和重大工程的行业抗震设计中，规定采用时程分析法时，以地震历史记录为依据，按照地震运动的周期性分时段地预测发生地震的可能性及时程内的最大地震动参数，并选用实际强震记录中不少于两组基岩加速度反应谱曲线和峰值，以及用数值模拟合成基岩地震动时程，三者作为工程场地地震反应分析的输入波。据场地工程地质勘探资料，确定地震输入界面及相关的模型参数，作场地土层地震反应计算，分析确定50年上述三个超越概率水准的场地地震动参数。最后，针对工程结构特点以及地震环境，综合确定场地设计地震动参数（徐锡伟，2011）。

另一种方法是利用“最不利设计地震动”概念(谢礼立院士),即是在给定的烈度和场地条件下,能使结构处于最高危险状态下的真实地震动。最不利的地震条件下,确定的近断层强地震动场可被认为是一种最不利地震动。工程设计是按照最不利的因素来确定整个工程的破坏因子,此地震动概念符合工程设计的逻辑(徐锡伟,2011)。但此概念缺少时程、时段因素,缺少与工程使用年限相配套的约束条件。

1.7.4 活动断裂带与地应力

在地壳厚度(陆壳约35 km、青藏高原约80 km、海壳约8 km)范围内普遍存在着一个受力均匀、以挤压为主、以区域划分出最大主应力的方向、最大主应力呈水平状的应力场;海壳内断裂带呈张性伸展构造,与赤道有一定夹角的南北向断裂带为主要伸展构造,其次级断裂为东西走向,次级断裂宽度小,长度短,数量密度却很大,海壳向周边陆地扩展,在交界处形成高地势地区,海壳边缘处呈现出挤压性地应力,最大主应力方向与板块边缘基本垂直。

地壳板块间密度上的差异以及地球的自转造成板块间的运动,离心力为动力,地幔的热膨胀和流动性为基础条件;地球局部重力的不均匀重新分布造成地球自转轴的变动,使得原有板块的转速发生缓慢变化,板块间的不均匀运动,造成板块间能量激增;地球自转在板块上的自转半径不同,离心力在维度上具有较大的差异,高密度板块向赤道方向加速偏移,板块之间亦存在着运动差异。

依据岩体破裂特性推定,板块的分裂先以张拉型断裂为主,也是最易形成板块边界的形式,其次为走滑运动,板块间接触后再易发生相对旋转运动,最后是挤压性逆断裂。先有脱离,后有接触、旋转、推挤。

板块边界将地应力划分成不同区域,每个区域内的地应力相对均匀,挤压型板块边缘最大主应力多与板块边界垂直,走滑型板块边缘,最大主应力方向多与板块边界斜交。

学者马杏垣(1987年)根据主应力方向的统一性和稳定性以及三向主应力随深度变化的关系,以应力方向的明显转折地带和主应力值或应力梯度明显变化地带为边界，将我国地壳应力状况划分为五个区，大致以宁夏中部和甘、青交界及川、滇中部一线为界，其东、西两部分的地壳应力状况明显不同；西部地区20世纪以来持续受到近南北方向的挤压作用，而且应力值高；东部地区近期的区域应力场总体呈近东西向，应力值低。

构造活动分布在岩石圈内，其下部的软流圈物质相对均匀、融合，可塑性强。固体岩石圈能够承受较大的应力差，软流圈化解了应力差。岩石圈内的构造活动水平应力超过垂直应力，构造应力作用的深度随地区的不同有所变化，从200 m到2 km都会出现垂直应力向水平应力转变。

隧道和采矿工作者在实践中发现，当深度超过600~700 m后，没有构造的地带、均质无水的硬岩内，就会出现对工程衬砌有明显破坏的水平地应力现象。

1.7.5　活动断裂带与工程抗震

大量的震例表明，活动断裂带不仅是产生地震的根源，而且地震时沿断层线的破坏最为严重，人员伤亡明显大于断层两侧的其他区域。地震灾害主要包括发震活动断层同震地表错动对地表构、建筑物直接毁坏和近断层地面运动对地面构、建筑物的振动破坏两种基本类型。

活动断裂带的另外一种活动状况为无震蠕滑，每年按相对匀速的方式错动、张裂、挤压。

非直下型断裂带上、下盘的地面运动特征有很大的差别：下盘的地震衰减很快，上盘相对较慢；三方向的地面运动也有差别，垂向地震动的衰减差别较大，两水平向地震动的衰减也有一定的差别；近断层强地震动明显受到断层距离的影响，在距断层3 km范围内，地震动强度很大，且随断层距的增大而迅速衰减，在3 km以外地震动强度明显变小，尤其在3~20 km范围内PGA（水平方向峰值加速度）和PGV（水平方向峰值速度）的变化相对很小，且趋于常值；断层破裂具有方向性，两水平向的强地震动存在明显的差别，垂直断层破裂方向的PGA和PGV明显大于平行断层破裂方向。

大型直下型走滑活动断层中，主动盘的地面运动特征明显大于被动盘,垂向地震动的衰减变化不大,该类断裂呈现出断口内的强烈地震动反应,两盘内水平地震动的衰减差别不大,但主动盘的地震动强度要高于被动盘。

近断层地面运动中的峰值加速度、峰值速度和峰值位移等参数,按距地震活动断层距离的不同采取分级划分,或者是对地面构、建筑物的振动破坏采用对应的抗震措施。

地震研究发达国家首要的抗震做法就是躲避发震断裂带或活动断层带,比如,日本和美国大坝的选址,要求堤坝离开有发震能力的活动断层300 m以上,美国加州地震断层法律规定,城市防灾要求断层50 ft(约15 m)以内不准新开工建筑。这类国家,仍然是以避震、缓震、隔震、提高工程结构的抗震能力、以及立法等手段来最大限度地减轻地震灾害。他们的避震就是对直下型断裂带断口的避让。

1.8 活动断层相关减灾法律法规

美国在1960年之前的抗震规范中,是依据建筑物的性质和所处的软、硬地基对地震力系数 $k=0.06\sim0.10(a_{max}/g)$、剪力系数 α_n 做出不同的取值规定,根据当时的研究成果,对这两系数做了多次修订,经过60年的不断探索,直到1959年,美国加州结构工程师协会Structural Engineers Association Of California(SEAOC),提出了第一版抗震设计规范建议,推荐了高层建筑物底部剪力、倾覆力矩、惯性力的计算方法,此建议对学术界和世界上其他国家抗震规范的编制有着重要指导作用。

1961年首次增加了地震分区概念,将地震不同影响范围划分成3个区,分区系数 Z 分别取0.25,0.5和1.0;1966~1970年以后继续对建筑物底部剪力、倾覆力矩、惯性力等计算参数进行了修改,使得原来延性抗弯空间刚架至少承担总地震力的25%的房屋,现在必须承担到25%~100%之间。

1970年以后,SEAOC对抗震设计原则、规范做了进一步的修订:执行以现行的以均匀结构动力分析为基础的等效静力法为计算原则;对重要结构和动力不均匀结构采用动力分析,以发现并加强薄弱环节;提高设计地震荷载;若延性无保证,地震荷载要加大很多,重要建筑物、公共场所建筑物、公共设施等地震力提高 50%,一般建筑物提高 25% 左右;提高结构系数 C 值;强烈建议抗震规范中要考虑地基土壤的影响;关于重要结构物的功能必须以公众安全的准则来评价规范现行规定。

地表以上构筑物计算方法、结构计算等做了较大的修订:规定了混凝土剪力墙极限强度设计中剪力与斜拉力的计算方法和配筋;所有抗震钢筋混凝土空间钢架必须为延性抗弯空间刚架;要求加大荷载组合计算应力中的地震力;轻混凝土加以强度限制;梁与柱抗震强度计算中考虑主筋实际屈服强度减小箍筋间距,柱混凝土围压补强钢筋计算公式;允许使用预制混凝土构件;非抗侧力构件在变形达到规定地震值 4 倍时仍能承受竖向荷载;加大混凝土剪力墙的设计地震力;规定了系筋柱中系筋的粗细、捆扎和间距等。

1972 年增加了地震动分区系数、场地土壤系数,使得重要构建筑物底部剪切力增大了数倍;加大了地震系数 α,与 1959 年相比,$T=0.7$ s时,反应谱值 α 加大了 60%,$T=2.5$ s 时,α 加大了 13%。

美国在 1972 年 San Ferando 地震后观测到地震破裂带状分布现象,提出了地震断层特别关注带这一概念,加州以立法的形式颁布了预防地震灾害的具体措施,《活动断层特别关注调查法案》(1972)颁布,主要防范新建构、建筑物坐落在已公布的活动断层条带上,避让范围为地震线两侧各 50 ft 以内;但到 1994 年北岭(North Bridge)地震后美国加州才正式立法《地震断层划定法案》(1994),给出了活动断层两侧各 50 ft 即 15 m 的避让带宽度,作为避让活动断层相关的减灾法规条例。

此范围之外,公布的活动断层条带邻近处只能建造居民住宅,且独立屋结构或钢架结构住宅的高度不得超过两层楼。当专业技术机构进行有针对性的地质、断层调查后,针对工程的规模须将避让距离扩大到数倍以外。

规范的修订是沿着地震环境、地质环境的恶劣程度来不断加大地震动强度和提高构建筑物横向抗剪能力,突出了地震构造、地震动强度、土壤环境等外围环境会造成不同程度的地震力，目的是不断提高构建筑物的抗震标准，对地面以上的构建筑物实际也做到了“小震不坏、中震易修、大震不倒”，计算和分析方法由“静力法”提升到“静力法”与“动力分析法”并用的阶段。

1994 年是美国地震设防观念的一个分水岭，之前是把注意力集中在建筑物本身的抗震设防，地震环境的设防相对较为忽视，之后则重视活动断层本身的破坏性，“避让”成为防震的主要思路。

以下两个实例的对比，可以说明避让防震的明显效果。

1994 年 1 月 17 日凌晨 4 时 31 分，洛杉矶地区发生里氏 6.6 级地震，震中位于市中心西北 200 多公里的圣费尔南多谷的北岭地区。在持续 30 s 的震撼中，大约有 11 000 多间房屋倒塌，震中 30 km 范围内高速公路、高层建筑或毁坏或倒塌，煤气、自来水管爆裂，电讯中断，火灾四起，直接和间接死亡 62 人，9 000 多人受伤，25 000 人无家可归，毁坏建筑物 2 500 余座（加上严重受损约 4 000 余座），几条高速公路多处被震断，一些立交桥坍塌，通向洛杉矶市区及其他地区的 11 条主干道被迫关闭。地震还造成该市大部分地区断电停水，约 4 万户住宅断水，5.2 万户断电，3.5 万户断煤气，通信网络出现严重阻塞，累计经济损失高达 300 亿美元，是洛杉矶历史上最严重的一次地震灾害。随后加州政府颁布了《地震断层划定法案》（Earthquake Fault Zoning Act），主要内容是政府公布已查清的活动断裂带的位置和数量，对于一定体量的新建工程涵盖在活动断裂带附近时，须委托地质专业人员进行地质调查和活动性鉴定，再依据工程规模确定避让距离，最小避让距离为 15 m，且只能是高度不超过 2 层的民居工程。

到了 2008 年 7 月 29 日，美国加州的洛杉矶发生 5.4 级地震，很多居民感到强烈震感，仅有数人受伤，但没有出现严重的财产损失和人员伤亡。2010 年 4 月份，加州南部也发生了一次 5.4 级的地震，没有人严重人员伤亡和财产损失，位于市中心的一个酒店出现一些结构性的损害，但没有人员伤亡。地震并没有打断洛杉矶地区的高速公路交通系统，交通秩序如常，车流没有受阻，也没有发生因地震引起的事故。相比之前的地震灾害,虽然震级减小了1级,但不能不说相关的避震、减震、抗震措施、法规起到了作用。

日本在1967年之前的半个世纪内的抗震规定都是不断地提高构筑物的抗震等级,一直采用设计震度法,并限制建筑物的建设高度,到了60年代中期,废除了高度限制,并第一次明确改用了反应谱设计方法。1981年正式颁布了抗震设计法,该规范在形成过程中就被世界多个国家所采用、修编,我国在1978修订规范时就将其二级设计的概念吸收进来,即在结构寿命中几次小震,结构处于弹性阶段,一次罕见大震,须结构不倒。

到了1995年阪神地震时,高层建筑物抵抗住了最大峰值加速度0.8g的地震,但死亡人数仍很高——6 418人,直接经济损失超过1 000亿美元。地震重灾区集中在野岛—会下山—西宫断裂带沿线,90%以上的震亡人数和木质房屋倒塌率30%以上的地段均集中在距断裂带2~3 km宽度范围内。经过这次灾害后,15年一直未做修改的抗震设计法,才增加了对断裂带避让的条目。

我国台湾地区1988年的“921集集地震”之后,台湾地震工程研究中心提出了《断层耐震设计草案》,依据此草案,工程场地水平地表加速度大小除依据震区划分外,并依工程地点与断层距离远近修改设计反应谱,最高可放大1.7倍(距断层2 km以内)。同时将工程所在地垂直地表加速度与水平地表加速度之比0.67∶1提高到1∶1,该草案并说明由于记录资料不足,近断层耐震设计相关规定仅适用于车笼埔断层。该草案现已纳入设计规范。2000年,相关机构推出的2000年新版《台湾活动断层概论》中将台湾地区活动断层总数归纳为42条,并对外公布。

国际原子能组织对核电站有严格的选址标准,核电站应该考虑选在地壳稳定区的中心,要远离地震带,离可能发生的大地震越远越好。

我国真正认识到活动断层同地震破坏具有局部化和带状破裂特性的研究,始于1999年以来国内外的多次大地震现场考察,其成果近几年被地震界和工程界认可,涉及工程抗震的实际问题,政府和学者非常关注避让活动断层灾害带。但目前活动断层的鉴定与探测定位工作、地面构筑物的抗震设防标准研究与制定等,还需进一步的科学技术支撑。我国在2011年开始有学者呼吁政府能够立法来避让活动断层。

对现有大型活动断裂带针对性的定性,可以明确到某条活动断裂带的活动周期、发震概率、需要避让的距离、发震方向、传播方向、建筑物的规模极限等,避免通过标定的区域地震动参数,来一味地提高构筑物的抗震设防能力。从而,就不会出现横跨大型活动断裂带的大型桥梁、高坝水库等现象,我国的人口聚集区域就会通过有序疏导,做到强活动断裂带与低密度人口的匹配。

1.9 活动断层与既有工程

人类活动范围的不断扩大,矿产资源的深入挖掘,土地的开发利用,缩小贫富差距的社会职责,促使人们在高山峡谷中修建大型工程、交通工程、城区建设。大型断裂和发震断裂、活动断层在一定的地区会集中出现,工程不可避免地与之交汇。在以往的几十年内,可以看出中国已建的一些大型工程与不同类型、不同活动强度的断裂带之间的接触,活动断裂带的研究已经成为大型工程建设不可避免的前期工作。

1.9.1 断裂带与水利工程

(1)黄河小浪底工程:坝址区内半径30 km内有8条大断裂,其中王良断裂在坝体下游6.5 km处,断层发生在$Q_1 \sim Q_2$期间。工程位于不具有活动性的断裂带周围,坝体避开了断裂带,水库的诱发地震对坝体基本没有直接的损害。

(2)长江三峡大坝工程:三峡大坝所处的鄂西,共有高桥断裂带、仙女山—九畹溪断裂带和远安断裂带3条。三峡大坝位于一个长方形断块上,南北长约120 km,东西宽约75 km,南边是天阳坪活断层带,北边为马粮坪—板庙活断层带,东边是远安活动断层,西边为仙女山活动断层。这些断裂带十分短小,一般只有数十公里,最长的仙女山—九畹溪断裂带也只有160~180 km。这些断层活动性的观测已经成为大坝运营期间的一项重要工作。

三峡大坝建成以后，当地水库诱发的中小型地震趋于频繁，对仙女山—九畹溪断裂带等地震监测重点区域进行监测并将有关监测信息需时时传递到国家层面，也成了宜昌地震台十分重要的任务。目前得到的观测结果是：危害最大的是构造型地震，在第二库段仙女山断裂、九畹溪断裂、建始断裂北延和秭归盆地西缘一些小断层的交会部位，有可能诱发水库地震。

(3)葛洲坝水利工程：自20世纪70年代葛洲坝水利工程筹建以来，距坝体约18 km外的仙女山—九畹溪断裂带已经被全国地震地质多个领域专家所关注。如今，它也是宜昌地震台和长江水利委员会的重要监测对象。

1.9.2 活动断裂带上的水利工程

金沙江、雅砻江、大渡河“三江”水电基地也是我国规划或在建中的十三大水电基地中水能资源的主要富集区。其中金沙江干流规划24个梯级电站，总装机容量超过7 500万千瓦；雅砻江干流规划21个梯级电站，总装机容量为2 856万千瓦；大渡河干流规划22个梯级电站，总装机容量为2 340万千瓦。

金沙江部分梯级电站位于马边—昭通地震带、东川—嵩明地震带、中甸—大理地震带上；

雅砻江部分梯级电站位于鲜水河、安宁河地震带上，与安宁河—则木河地震带相邻；

大渡河部分梯级电站位于鲜水河地震带上；

澜沧江部分梯级电站位于滇西南地震带上。

(1)雅砻江已建电站

二滩水电站(1991~2000完工)，坝址位于雅砻江与金沙江的交汇口下游33 km处，最大坝高240 m，上游将会建官地水电站，下游为桐子林水电站。

雅砻江在建电站：锦屏一级水电站(2005年底开工)，世界第一高拱坝,拱高 305 m,位于四川省雅砻江干流下游河段(卡拉至江口河段)。

锦屏二级水电站(2007 年 1 月 30 日开工),世界最大规模水工隧洞群,坝址位于四川省雅砻江干流锦屏大河湾上。

两河口水电站(2007 年开工),坝址位于四川省甘孜州雅江县境内雅砻江干流与支流庆大河的汇河口下游。

(2)金沙江上在建水电站

金沙江溪洛渡、虎跳峡等 200 m 以上高坝位于金沙江沿线的地震带上。

向家坝水电站(2005 年正式开工),坝址位于云南省水富县(右岸)和四川省宜宾县(左岸)境内金沙江下游,最大坝高 162 m,被称为中国目前的第三大水电站。向家坝电站于 2012 年 10 月实现了第一期蓄水,值得关注的是,在 2012 年 10 月 10 日至 16 日仅仅 6 天的蓄水期中,水库的水位就由海拔 278 m 晋升到海拔 354 m,水位升幅高达 76 m,迅速地大幅度提高水位,在海内外的大型电站水库蓄水进程中尚无先例,加大了水库诱发库区地质灾祸的危险性。

溪洛渡水电站(2005 年正式开工),坝址位于四川省雷波县和云南省永善县接壤的金沙江峡谷段。

东德水电站(2005 年正式开工),坝址位于四川会东县和云南禄劝县交界的金沙江河道上。

白鹤滩水电站(2010 年 6 月开工),坝址位于四川省凉山彝族自治州宁南县与云南省巧家县交界的金沙江峡谷。

梨园水电站(2008 年开工),坝址位于云南省丽江市玉龙县与迪庆州香格里拉县交界的金沙江干流上。

(3)大渡河上在建水电站

大渡河上的一些高坝水库地处鲜水河地震带上;大渡河干流梯级电站自上而下依次为:下尔呷、巴拉、达维、卜寺沟、双江口、金川、巴底、丹巴、猴子岩、长河坝、黄金坪、泸定、硬梁包(引水式)、大岗山、龙头石、老鹰岩、瀑布沟、深溪沟、枕头坝、沙坪、龚嘴(低)、铜街子。现已建成龚嘴、铜街子 2 个梯级。

在包含龙门山断裂带、鲜水河断裂带在内的中国西部强震活动带上，大型电站水库群将进入一个密集建成蓄水时期。

发生在2013年4月20日的雅安芦山7.0级地震，震中南约80 km是大渡河干流上的汉源瀑布沟水电站。依据四川省地震局对该区域2006年10月14日至2011年12月31日期间观测到的1 834次地震的剖析，在库区中部、大坝邻近、大坝下游等多个处所呈现了小震集中散布的现象。

(4)滇中引水项目

该项目北西起自金沙江奔子栏河段，向南东途经云南境内迪庆州、丽江市、大理州、楚雄州、昆明市、玉溪市、红河州等地区的14个县区，终点抵达蒙自，线路总长约848 km，累计水工建(构)筑物达195个。穿越多个活动断层或纵向相邻活动断裂带。

(5)青海萨尔托海引水枢纽工程

闸基下有多条活动地裂缝，活动断层处在二台活动断层的南端，属于强震区。著名的河西构造体系中的可可托海—卡拉先格尔—二台活动断层带毗邻库坝区，闸基有2条充填有第四系冰积泥包砾的长大裂缝，裂缝宽度为3~5 m。建成于1971年的可可托海电站位于距二台断裂带西盘约600 m处，运营期间，1986年4~8月该断层发生过5~6级地震3次，库坝完好如初。根据富蕴县1931年的8级强震震区该断裂的位移量及平均位移速率，已论证过8级强震再现期为$R \geqslant 200$年。

1.9.3 城市与活动断裂带

目前全球居住在面临显著地震威胁城市的人口约四亿零三百万人，洛杉矶、旧金山等大城市位于长约1 287 km的圣安德烈亚斯断层带上，东京、伊斯坦堡、德黑兰等城市处于不同规模的断裂带上。

我国大部分城市都不在地震带上，处于地震带上的城市主要有：北京、天津、石家庄、沈阳、合肥、太原、福州、台湾、昆明、成都、兰州、银川、乌鲁木齐等。

由中国地震局地质研究所研究员徐锡伟负责的“京沪等21个大城

市活动断层带”项目(2011)成果显示,中国 21 个大城市中已经从 109 条目标断层中鉴定出了 26 条活动断层,并做了地震危险性评价。平均每座目标城市中就有一条活动断层。城市内活动断层的鉴定为城市规划和地铁规划有较大的指导作用。

1.9.4 交通工程与活动断裂带

(1)兰新铁路乌鞘岭特长隧道

隧道走向与 F_7 断层(毛毛山—老虎山断层)53°斜交,该断层早期以挤压为主,后期逐渐转化为左旋走滑为主兼有逆冲的活动性质,延伸长 174 m,断层带宽 400~1 000 m,该断层仍具有活动性,平均水平滑动速度为 2.08~2.5 mm/a,具有准周期性,复发周期为 1 800 年左右。隧道穿越段断层破碎带宽度为 640 m,F_7 断层通过地段隧道埋深 350~420 m 钻孔取芯实测岩石 σ_0=300 kPa,通过中国地震局工程地震研究中心与中国地震局地壳应力研究所,在测区进行的水压致裂法实测初始地应力,在断层北段的最大水平主应力为 10.26~15.24 MPa,断层南段最大水平主应力为 31.61~32.84 MPa,属于极高应力。F_7 断层属于逆断层和左旋走滑断层组合成的活动断层。左线隧道于 2003 年 9 月 17 日从 DK177+867 进入 F_7 断层掘进,上台阶开挖后初期支护于 2003 年 10 月 25 日发生大变形,实测拱顶最大下沉量 212 mm,边墙最大收敛 396 mm。

(2)台湾车笼埔断层上的桥梁

1988 年“921 集集地震”,车笼埔断层地表破裂带上跨越的桥梁均发生落垮,由北而南分别为石围桥(台 3 线)、长庚大桥(中 44-1 线)、埤丰桥(台中县乡道)、一江桥(129 线)、乌溪桥(台 3 线)、名竹大桥(台 3 线)及桶头桥(149 线),共 7 座桥。

(3)海南铺前大桥

海南铺前大桥是中国首座跨越活动断层的特大型桥梁,于 2015 年 3 月 6 日动工。项目起点位于海南省文昌市铺前镇,终点接海口市演丰镇,桥长 4 050 m ,主桥采用(230+230)m 独塔钢斜拉桥,设计标准为双向六车道一级公路,路基和桥梁宽度 32 m;连接线长 8.8 km,设计标准为双向四车道一级公路,路基宽度 24.5 m,项目总投资约 30 亿元人民币。铺前大桥桥址位于 1605 年海南琼山 7.5 级大地震的震中所在地,海口琼山地区位于琼北断陷盆地,其基底主要受近东西向展布的澄迈马袅—文昌铺前活动断裂构造所控制,为新生代以后形成的新构造。琼州海峡主要有三组断裂系,其中两条断裂是东寨港区域的主要断裂,构成了东寨港的断裂构造格架。断层具有活动性、发震性。地震动峰值加速度为国内最高 $a=0.35g$(50 年,10%)。是世界上第一个跨越活动断层的跨海桥梁。

桥址附近还有近东西向的富昌—群善村断裂,其规模大、切割深。该断裂的分段差异和活动强度差异,在走向上显示了东强西弱的特点。在这条断裂上,历史上发生了 1605 年琼山 7.5 级、1618 年老城 5.5 级、1913 年海口 5 级以上等破坏性地震,是琼北地区最重要的一条控震构造。琼北地区断裂密集,是琼北地区的首要地质背景。

铺前大桥的抗震设防烈度为 9 度,抗震烈度全国最高。该桥梁主体结构工程造价是同等桥型、同等跨度的 1.5 倍。

1.10 功东高速公路工程活动断裂带环境研究的意义

拟建项目功山至东川高速公路(简称功东项目)位于云南省昆明市寻甸区和东川区境内,起点寻甸县功山,经功山镇、阿旺镇,终点至昆明市东川区,路线全长约 50 km,均位于小江断裂带断口内,路线走向与断裂带出露口基本重合,该工程按高速公路标准建设,设计速度 80 km/h。该工程为全世界第一条欲在已知的、次级板块间的活动断裂带沟谷内建设的高速公路。

小江断裂带性质:小江断裂带属于青藏次级板块和扬子板块之间产生的大型断裂束中的一条,属于次级板块之间的接触带。小江断裂带目前属于全球范围内最为活跃的断裂带之一,蠕动、滑移、裂缝、近期周边地震、历史强震不断发生。

功东项目路线与断裂带断口内的空间关系有 5 种:线路位于断裂带两侧的岩体内、位于断裂线上覆碎石堆积体上、位于断裂带出露口上的河床堆积体上、位于拉分盆地上、跨越断裂带。该项目布设在活动断裂带形成的断口地表形态中。

地质灾害范围广:全线都在不良地质范围内,路线基本顺着断裂带露头所在的断口内行走。

该工程对活动断裂带的针对性研究具有以下特性:

地震环境的突出性。该工程在突发性地震活动和震区地质活动演变环境下布线,地震环境、地质环境和地质灾害研究的重要性最为突出,其决定着工程的可行性、安全性,制约着工程等级和使用年限。线路走向以及连带的桥隧工程在大型断裂带周围布置需要抗震、减震方面的研究。

制约因素的多样性。需要对该断裂带进行深入研究,了解小江断裂带的成因、发展进程、构造形式、活动状况、地应力状况、地震的发生概率、震后山体演变、震后地灾等多种因素,根据该断裂带的具体情况来论证工程的可行性。

地震资料的继承性。以往针对小江断裂带的研究进行过多批次,持续了将近一个世纪,得出了丰富翔实的科研成果,这些成果在大型工程上的针对性应用还是第一次,有意识地运用这些成果、全面遵循这些指导意见而去研究高等级公路的布线和工程类型的选择还是第一次。

工程与地质环境的融合性。人类工程对恶劣地质环境、地震环境下的适应程度和承受能力。工程与地质环境的有机结合,相互适应。

本工程研究的意义。工程对地震环境、地质环境和地质灾害所能承受的水平;对活动断裂带断口地形、地质演变的推导,可补充活动断裂带自身地表活动形态的研究。

1.11 本书的研究内容

本书依据以往地震资料、地质资料和现有勘察、物探资料为基础,结合交通工程自身的特点,通过理论研究、技术分析,探讨活动断裂带内各种地质灾害对工程的影响,以及工程对地质灾害的加速产生,并结合工程实际进一步讨论工程与地震、地灾环境的适应程度。

主要内容分三大部分：地震效应对工程的影响，震后效应、断裂带活动效应对工程的影响，活动断裂带断口地表演变规律。

拟解决如下问题：

（1）工程寿命期内小江断裂带的活动趋势、地震发生概率和震级预测；

（2）活动断裂带对线路布线、工程类别选择的制约性，工程的可行性研究，震区研究成果在工程上的应用程度；

（3）在断裂带断口内避震条件的有效程度；

（4）在复杂背景地质灾害环境下，为了达到功东项目在工程寿命期内而进行的安全可靠性论证；

（5）活动断裂带长期蠕变对地貌的改造；

（6）活动断裂带断口两侧山体活动性特征。

1.12 研究思路与技术路线

这是一项实用性、针对性强的研究，其中包括以往很多实地调研、勘探、结论等科研成果，将地球板块学理论、地质学理论、断层学理论和小江断裂带研究成果运用到交通工程上，指导和论证工程项目的可行性和实施性，保证研究成果能及时为设计研究单位提供有价值的参考资料。另一方面，着重说明活动断裂带在地表活动的表象和结果，活动区内的地质灾害不能被认为是单独的地质现象，这种地质活动亦是活动断裂带整体活动的一部分，它对活动区内的人类活动有超强的颠覆作用。

为此制定了下列研究原则：

（1）采取现场调研、勘探，充分了解工程区域内的地形、地貌、地质构造等，对道路选线的制定提供功能上的满足。

（2）汇集与小江断裂带有关的以往科研结论，指导路线的布置和选择，并论证工程的选择性，最终论证工程的可行性。

（3）依据小江断裂带东支沟内的地灾表现，以及其他断裂带内的同样素材，分析总结出相应的活动断裂带的断口表现和演变规律。

2 断裂带地下内部构造

断裂带(断层)将岩体、地层切割成不连续体,将区域表层划分成块状,这种划分对地下工程有着以下影响:断裂带或断层对矿井、采区的划分具有天然的界定作用;断裂带内部构造、应力状态有别于两侧岩体,形成工程场地条件上的差异性;断裂带内的突水、瓦斯突出、围岩应力突然释放等灾害在地下工程施工中属于高风险因素;断裂带内高应力的慢性释放、液态物质的流动性对工程的耐久性具有破坏作用。

了解断裂带内部构造是认识断裂带活动和发震的基础。活动断裂带在物质形态、活动方式、物质存储上都与周边岩体不同,下面就从几个方面对活动断裂带在地下浅层中的状态进行描述,揭示其特殊性。

2.1 断裂带的空间形态

板块或次级板块间的断裂带是地球陆地上的主要断裂种类,且以竖直型为主,从人类对断裂带的揭示情况来看,深层构造形态还在探索中,没有定论,多为假设。但明确的是,上部和下部空间形态上具有较大的差异。

地表以下,人类揭示出具有一定厚度、岩性变质、形态稳定的带状构造,将两盘岩体切割开来,这个深度约为 10 km,随深度的加深,温度逐渐升高。超过这一深度,岩体及断层物质均呈流塑状,理论上说断裂带应该渐灭掉。地表以下 3 000 m 深度范围内可被认为是大型断裂带的浅层形态,属于相对稳定的构造,是断裂带地下构造形态的具体而稳定的表现。目前能掌握到的、可靠的、能够归纳出的断裂带各项性质的知识,均是来自于浅层断裂带内的结构形态,甚至是断裂带地表外的表现,比如地震力在地表上的表现。

断裂带出露地表后的空间形态属于断裂带自身形态中的一部分,可将其定义为断裂带的地表形态,即断口内的表现。断裂带出露地表后的形态、演变过程也是研究断裂带的一项重要内容。后文中将主要阐述该项内容。

以下将地下浅层断裂带内的以往认识赘述如下。

2.2 地 震 波

地震产生的能量造成了岩体非弹性震动,在早期的研究中,以震源为中心向四周释放出均质纵波和横波。随着近些年的研究,发现浅源地震的起因和地震能量释放的最主要通道均在断裂带上,地震波呈竖直型面状向地面及断层的两端扩散。地震产生的能量以地震波的形式猛烈地在断裂带内对断层物质交替挤压、拉张,反射或穿越断层面,协助两侧盘体左右走滑,或抬升沉降,使断裂带成为黏滑面。

断裂带内的颗粒在纵波(P 波)传播的方向上上下运动,当遇到结构不连续面时会发生反射,形成多方向的震动,与在断裂带中的横波(S 波)及其反射波、折射波叠加后,形成混合无序的震动能量,对断裂带内部进行碾压、揉搓作用,最终沿着断裂带冲出断层线(地表)。

上下盘中,猛然来袭的地震力促使岩体在弹性范围内发生变形,断裂带内折射出来的地震波叠加后,造成断裂带两侧岩体发生较大的位移变动。

弹性动力学认为,断层面是应力的反射界面和折射面,两侧介质间的关系是一个弹性接触关系,断裂带内强度较高的地震波,入射到断层面上的完整弹性体,弹性体会发生瞬态变形和应力变化,对断裂面内完整岩体造成剥离,导致断裂带宽度的增加,断层物质的增厚。对于能量较低的地震波,其程度无法破坏到弹性介质的边界条件,地震波只在既有断裂带宽度内起作用。断层面对地震波的反射能力使得大部分地震波汇集在断裂带内传播,断裂带内介质大小的均匀性和块体间的松散程度造成了地震波的传播速度高于两侧盘体内的波速,断裂带既是蓄能场所,亦是快速传播场所,地震强烈作用的场所。

当地震波遇到主断裂带自身的次级断裂带时,通过结点部位的折射将部分地震波导向次级断裂带内,地震波在断裂带单元体内放射性传播,当地震波能量过大,会将原有的断裂带单元体的端部切开,将既有断裂向外围延伸,延长既有断裂带长度,或与相邻断裂带贯通。

断裂带内部也会消耗掉部分地震波能量:①热能:断裂带内介质承受多方向的地震波,岩石间产生无序的运动趋势,摩擦逐渐生热,地震波瞬间转变成热能消耗掉部分波动能量,随着传播距离的增加而产生衰减;②在次级断裂的结点处消耗的抗摩擦阻力;③次级剪切断裂与内部张剪切断裂段交汇部位的抗摩擦阻力;④同一条次级剪切断裂的分支或走向弯曲部位的抗摩擦阻力。岩体断裂时,岩体下方的地震力和岩体最薄弱环节决定了断层失稳条件,并控制着滑动速度和滑移量。在同一断层上重复发生地震,断层间破裂岩石间的滑动摩擦、滚动摩擦、地震力的传播爆发等决定了断层再次失稳的条件,并将断层面上的岩石扩张成断层物质。在巨厚断层物质中断层面的滑动摩擦阻力是次要的基础参数,滚动摩擦阻力、碾压揉搓抗力成为主要阻力参数。断层内消耗掉地震能量的80%以上。

绝大多数的地震能量在断裂带内传播和赋存,地震波的传播方式、传播介质的作用和强度等级,与在两盘岩体内的方式完全不同。断裂带两侧盘体被动承受断裂带内地震波的作用而发生摇动和位移。

因此,断裂带是地震波产生、传播、消耗、蓄能、再生的空间。断层是周围岩体上最薄弱的环节,是地震力、地震波的释放、衰减通道,是岩体发生位移的错落面。

2.3 断层物质

断层物质是由断层两盘相对运动碾磨两盘岩石形成的,或是由地震波爆裂而成的，断层物质是断层多次活动的产物。原岩破碎成角砾状或泥状，从断层物质的颜色、固结程度、产状、发育程度等外观可辨，具有动力变质现象，具有剪切特征，与两盘内的原有形态的岩石有很大的不同。

在靠近主断层面附近发育有构造岩，以主断层面为轴线向两侧扩散，一般依次出现断层泥或糜棱岩、断层角砾岩、碎裂岩等，再向外过渡为断层带以外的完整岩石。断层砾石空隙间被水冲刷干净后由破碎细屑充填胶结，或有部分外来物质胶结成岩石，胶结物可为岩粉、断层泥和热液物质，如硅质、铁质、钙质等，或者呈现出弱固结或未固结的粉末状或泥状岩石（断层泥）。

构造角砾岩在断层破碎带内广泛分布。其厚度取决于地震的强度、地震波的强度和地震频率。厚度范围内由断层泥、断层泥砾岩、碎粉岩、角砾岩、碎斑岩、碎裂岩等形成一个完整的渐变序列，有时厚达数百米，延伸数十至数百公里。比如海原断裂带在西安州附近的断裂破碎带宽度约为 250 m，小江断裂带宽度在 50~200 m 之间，长度约 400 km。

断层泥是组成断层地质材料中力学性质最薄弱的部分，灰色部分为断层角砾岩，黑色土中的褐铁矿使其颜色偏深，如图 2-1 所示。断层泥的孔隙率越高，剪应力峰值越低；断层泥的剪切破坏呈塑性或半脆性破坏特征；黑色和灰色土界面是断层泥抗剪的薄弱面。断层泥在温度 $T \geq 400℃$ 和 $\sigma_{-3} \geq 300$ MPa 时才会发生岩化，非活动断层内的断层泥脱水后呈岩状，但揭露后会迅速呈块状脱落和膨胀，随着风化程度的加剧将恢复成泥状。西宁至格尔木铁路二线湟水河隧道沿着一段沉积下来的断层泥布设，断层泥被揭露时呈青色块状岩体，坚硬干燥，待 16 h 后，风化成黑色泥状，细腻，体积膨胀，隧道开挖后失稳严重，运营后隧道结构承受着膨胀应力。

断层物质的物理力学参数主要取决于断裂带形成的历史和赋存的地质环境，以及断层的运动方式和方向、地震波的冲击力大小、胶结程度等。小范围内颗粒物大小均匀，整个断裂带内颗粒物大小又具有离散性、各向异性，断层泥会呈不同色调的条带状，平行展布于断层中。在巨厚断层中，上百米厚度的断层物质呈现出以碎砾为主的大小均匀的块体或颗粒，

图 2-1　断层黑色角砾岩

断裂带内岩体的单轴抗压强度为完整岩体的 1/7 左右。一般压性或压扭性断层带比单纯剪切性质的断层带宽。在一些大型的断层带中,由于被后期不同方向的断层切错,或夹有一些未破碎的大型岩块,造成断层带的结构趋于复杂化,更易在近代的断层活动中形成运动的阻抗,是应力易于积累和发生地震的场所。

断裂带另外一种物质存在形式是由很多次级小规模破碎带以及夹持其中的块体所构成,其中断层泥的厚度由几毫米到十几米不等,比如映秀—北川断裂带某处整体厚度约 120 m,夹杂着近 80 条含有断层泥的次级断裂面。以台湾车笼埔断裂钻探项目(TCDP)和汶川地震科学钻探(WFSD)研究来看,一次大地震只能形成几毫米至约 2 cm 厚的断层泥,推断映秀—北川断裂带中每层断层泥至少发生过 1 次到 13 次地震,该区总厚度约 150 cm 的断层泥中发生地震次数至少为 183 次。

图 2-2 为一处张性断裂带呈现出来的地貌,两盘张裂,表层风化裸露,敞开部分(沟心)被碎石体掩埋。

图 2-2 张性断裂带浅层地貌图(甘肃省宕昌官鹅沟)

2.4 断裂带的储水构造

由强地震形成的不同等级的断层和裂隙构成了一个高渗透性的能够沟通不同深度石油、成矿流体、地表地下水系的网络,断裂带是附近液体和气体汇集的场所。

当地下工程接近或者揭露断层时,将会面临断裂带的含水量和导水性问题,断裂带自身储水构造将影响断裂带的活动性,储水段落、寻水段落都是活动断裂带低约束段落。

一个大型断裂,即使是富水性明显的断裂,也只是某些段落或某些部位含水,而不是全部都含水,含水的部位水压也不相同。大型断裂总体上为走滑或正、负表现的断裂,但各个段落又会出现不同类型的拉、压、剪切断裂构造,整条断裂带上受力类型一般不均匀,所以其各部位发育的裂隙性也不相同，富水性、导水能力也不均匀，如压性断裂的松动带、舒缓波状断裂的平缓段、断裂面转弯的外缘带、主断裂与分支断裂交点等都是富水、储水段落。

断裂带内的水一般来自地表裂隙水、河流下渗水、断裂带两侧含水层的补给等。

断裂带内的松散介质经后期充填、热熔胶结、压实演变，透水性会变得很差，成为阻水断层，而某些阻水断层的旁侧伴生构造裂隙、横向次生断裂带等往往成为储水场所。断裂带（段）一旦为导水断裂或蓄水断裂，将成为地层中的竖向储水构造，或成为地表河流的导水通道，并与断裂带两盘的地质含水构造汇流方式截然不同，地下工程揭露该断裂带时突水危险性将大为增大。

在张性断裂带和熔岩地带是形成地下暗河、地表天坑的前提条件。

西宁至格尔木铁路二线关角隧道 2 号斜井揭露了一隐伏断裂带，该断裂导水性能极强，将地表水系疏导到斜井内，并带有高差势能，汇水量远远大于一般基岩裂隙水的渗透量和断层自身的蓄水量。该断裂带的透水性，直接造成工期的延后，排水费用和注浆堵漏费用超出了原有概算。

2.5 断层温度

地震过程中，地质体内聚集的应力势能快速从断裂带中释放出来，应变势能一种情况是消耗在新断裂带的产生和地震波的传播，另外一种是消耗在已有断层中的破裂、断层面岩石的破碎和地震波的辐射。后一种情况中，绝大部分应变势能在断裂带内摩擦生热机制下转化为热能，以摩擦残余热形式聚集在断裂带附近，使岩体升温，并驱动流体运动；同时，在升温过程中岩石局部产生热变质作用，以新生矿物形式将部分能量储存起来。台湾集集地震断层和日本野岛断层研究表明地震过程中断层产生摩擦热是地震总能量中最大部分，约占 80%～90%，新生矿物断层部分地段显现出熔融状态，局部瞬时温度高达 800℃～1 000℃，产生的地震波能只占整个地震事件释放总能量的 5%。地震能量大部分消化在断裂带内部。

影响断层摩擦生热的原因很多,包括滑移距离、瞬时移动速率、蠕滑速度、摩擦强度、摩擦频率等。在地表百米以下,就有可能进入断层地热的封闭区,随着深度的增加,温度会按梯度递增。岩性强度的高低决定了摩擦生热的持续性,当软弱岩性的摩擦生热达到一定程度后,岩块软化,摩擦阻力迅速下降,摩擦产生的势能不再继续增长,比如方解石断层带的摩擦生热只在250℃以内有效,高于此温度后摩擦阻力和断层的围岩压力将大幅减弱;高强度的岩体将摩擦生热产生的温度环境提高到450℃左右,比如石英岩断层的温度分界点约为450℃,高于此温度,摩擦生热作用失去响应,断层带由黏滑转变为稳滑。

隧道工程、采矿工程及其他地下工程中常遇到发热断层,日本的安房隧道、美国的辛普伦隧洞、瑞士的喀斯卡隧洞、佛拉迪赫德隧洞都遇到了较严重的断裂带高温热害问题。隧道(洞)遇到的地热问题一般来自两种情况:挤压性活动断裂带和高地应力硬岩岩体,二者都是高应力挤压势能部分转变为热能的结果。活动断层带内储存着地震时留下的热能和断层自身活动产生的热能,慢慢释放,周围会有温泉、小区域内的夏季高温。

热能的产生被认为是因地震波在断层内大量反射、岩块强烈摩擦产生的。

以拉日铁路吉沃希嘎隧道为例来描述活动断裂带与地温的关系:

拉日铁路雅鲁藏布江峡谷地段穿越雅鲁藏布江断裂带(雅鲁藏布江区域性深大断裂、雅鲁藏布江河谷北岸断裂)时,隧道掌子面揭示了断裂带浅层内部的温度环境。

拉日铁路部分线路沿雅鲁藏布江峡谷区布设,线路约60 km范围内位于唐古拉山南东麓“那曲—当雄—羊八井—尼木—多庆错”断裂带的中断,也是羊八井—尼木活动断层的南端(国家地震局地质研究所,1992年)。沿线分布着大量的温泉及热泉,全线大体存在4处地温异常区,地热温度一般在40℃~90℃之间。

该断裂带,自第四纪以来具有强烈的活动,并由北向南依次形成一系列大型断陷盆地6处,地貌上形成一系列的串珠状展布。在2008年10月6日在该断裂带羊易盆地内发生了6.6级地震和1992年7月30日尼木县安岗盆地内的6.5级地震。

“那曲—当雄—羊八井—尼木—多庆错”活动断裂带由多条规模不等、相互平行的次级断裂组成，断裂带上存在许多拉分盆地和闭锁区，加之各次级断裂的活动方式不同，导致在该断裂上形成了一些应力转换部位，构成了断裂的能量集中区。

拉日铁路建设中存在高岩温（地热）异常，最为典型的是吉沃希嘎隧道（*L*-3 974 m，ⅢDK117+520～ⅢDK121+505，海拔高度+3 780 m），其中长2 685 m范围内受地热影响。勘察阶段发现吉沃希嘎隧道钻孔内最高温度达65.4℃，见表2-1。

表2-1　拉日铁路吉沃希嘎隧道钻孔位置及温度测量数据表

钻孔编号	里程	钻孔相对隧道偏移位置	偏移量（m）	孔深（m）	隧道内路肩温度（℃）	孔底温度（℃）	地下水情况
BD3Z-85	ⅢDK117+750	右	8	76.5	44.7	45.0	无水
JWZ-3	ⅢDK117+850	右	8	105.2	47.9	48.0	无水
D1Z-545	ⅢDK117+840	右	200	120.0	45.0	54.0	无水
D1Z-546	ⅢDK118+275	右	204	110.1	43.1	53.7	无水
BD3Z-88	ⅢDK118+400	左	40	80.3	36.1	45.6	无水
BD3Z-89	ⅢDK118+560	右	8	72.8	36.1	37.5	无水
JWZ-1	ⅢDK118+708	右	212	105.2	54.9	65.4	无水
BD3Z-90	ⅢDK118+750	右	8	73.6	48.0	57.2	有水
BD3Z-91	ⅢDK119+480	右	8	70.8	41.6	47.5	无水
BD3Z-93	ⅢDK120+630	右	8	88.5	24.1	25.0	无水
BD3Z-94	ⅢDK120+900	右	8	82.0	21.0	21.6	无水
BD3Z-95	ⅢDK121+240	右	30	88.0	18.0	18.2	无水

吉沃希嘎隧道内揭示到的3条发热断层状况如下：

（1）F_{1-1}断层：断层宽度为300～380 m，东西走向，竖直型断层，产状N19°W/（20°～30°）S，为挤压性为主的扭性断层，断层带物质主要为断层

泥砾及压碎闪长岩。隧道穿越里程为ⅢDK120+950~ⅢDK121+340;

(2)F_{2-6}断层:断层宽度约为 100 m,竖直型断层,产状 N25°E/70°S,为逆冲断层,断层带物质主要为压碎闪长岩和少量的断层泥砾物质。隧道穿越里程为ⅢDK118+610~ⅢDK118+723;

(3)F_{4-3}断层:断层宽度为 320~400 m,竖直型断层,产状 N32°W/78°S,为逆冲断层,断层带物质主要为断层泥砾和压碎闪长岩。隧道洞身交于进口ⅢDK118+050。

该隧道走向与区内主要构造线近乎平行,区域内最大主应力方向为近 SN 向或 NNE 向。根据峡谷区地应力测试结果,区内最大水平主应力的优势方向为 N35°E~N42°E,最大水平主应力为 2.01~10.33 MPa,最大主应力方向与隧道轴线大角度相交。

隧道施工中,进口ⅢDK117+910 处掌子面内实测空气最高温度 52.8℃,随着隧道洞深的增加,温度呈上升趋势。

隧道运营期间,当轨道车驶入吉沃希嘎隧道时,明显能感到热气扑面,需关上车窗躲避热浪。

断层与地温、埋深相匹配,但 3 处断裂构造导致整个山体地温异常,围绕着 F_{2-6}和 F_{4-3}断裂带处地温超过 65℃的高温,隧道开挖揭露出来的平均地温超过了 35℃,F_{2-6}和 F_{4-3}为最高地温区,沿断裂带呈现出带状发热体。这 2 条断裂为导热断裂,且热源明显来自断裂带,散热速度不及产热速度。

F_{1-1}断层北侧的钻孔 DCWZ-8 号孔,距地表约 100 m 深度的地温值在 45℃以上,在距 F_{1-1}断层南侧同样深度的 GZ-70-1 号钻孔地温值为 25℃,断层两侧地温相差约 20℃。该断层及其北侧地温远高于南侧;另外,在 F_{1-1}断层两侧隧道内地温由 39℃以上迅速降低至 20℃以下。推测 F_{1-1}断裂为一条隔热断裂,断裂带东侧可能为聚能主动盘,呈高温状,或为易导热盘,断层两侧地应力、岩体的密实程度以断层为分界,造成地温上的差异。

吉沃希嘎隧道穿越的地热场与断裂带有直接的关系,断裂构造自身挤压扭曲产生的热能向两侧盘体或单侧易导热盘体输送,亦通过断层露头向外散热。

大瑞铁路高黎贡山隧道所穿越的地区地热活动强烈,所经地区的地温最高可达50℃。经过实测,断裂对热害的控制作用显著,热害危险区和热害较危险区沿断裂带分布,从岩性上看,热害主要分布在花岗岩地区和变质岩地区。

另外地温与地震又存在着时间上的对应关系,以1997年玛尼7.9级地震为例,在玛尼地震前20 d阿尔金断裂带的东段就开始出现增温现象,然后逐渐扩展,形成了明显的增温条带。这条带一直持续到11月8日玛尼强震的发生。地震后此增温异常条带逐渐消逝。而引发玛尼地震的玛尔盖茶卡断层在震前2 d才开始出现增温异常。玛尼地震与阿尔金断裂带活动的明显增强过程之间有着一定的对应关系,地温的升高是地震活动、断裂活动的表现之一。

2.6 断裂带的运动方式

对断层泥中的微粒表面微形貌观察显示,同一颗粒上会遗留下代表蠕滑和黏滑两种滑动的刻痕,蠕滑为阶步状刻痕形态,黏滑为撞击碎裂痕、贝壳状断口、平直擦线。在同一微面上会呈现出两种滑动的多种刻痕组合,二者刻痕的出现具有先后次序,刻痕越清晰,说明前期出现的滑动痕迹已被覆盖或受到溶蚀。刻痕之间的叠加、切穿显现出蠕滑、黏滑多次复杂交替的活动。

在地震时,被断裂带包裹着的块体主要是沿着断裂带整体位移,断裂带两盘出现相对位移,发震断裂带各处的运动方式和位移大不相同,整体具有走滑或拉、压形态,但局部或横向次级断层仍会出现不同的运动类型,个别部位还会出现闭锁小位移段落,整条断裂带的位移量在闭锁段或端部相对减小,形成挤压势能。位移的大小与地震强度和位置有关,个别地段的一次性地震位移量是相当可观的,远超工程所能承受的变形。

比如,2008年5·12汶川Ms8.0级地震,在距都江堰市11 km外的白沙河破裂段茶坊南附近,该段3 km长范围内,破裂表现为西北盘向东南上冲形成扰曲崖，地貌上沿深溪沟阴坡脚产生一条深 1~5 m，宽 1~10 m 的新沟谷，在南北两端分别出现左旋和右旋走滑位移。最大垂直位移为 5.0 m，最大水平位移达 4.8 m。

根据中国地震局对多条活动断层的 GPS 观测，地表上断裂带的运动状况显示：2007~2009 年之间无大中型地震的情况下，小江断裂北段的平均滑动速率为 4.75 mm/a，平均张扭速率为 0.65 mm/a；中段的平均滑动速率为 5.55 mm/a，平均张扭速率为 1.55 mm/a；南段的平均滑动速率为 4.72 mm/a，平均张扭速率为 3.2 mm/a。同一断裂带的不同部位呈现出不同的滑移速度。

在深部，利用重复微震的地震矩和重复微震间隔估算出在 1999~2011 年间，小江断裂带孕震深处 3~12 km 的滑动速率为 1.6~10.1 mm/a，不同破裂段的深部滑动速率存在明显差异，表层滑动状况与深部存在着较大的差异。

在断裂带中出现的铁胆石是断裂带滑动、错动、碾压的表现之一。铁胆石自身强度较高，能够抵抗断层赋予的剪切应力，小江断裂带内的东川铁胆石为铁矿石，均为球状，如图 2-3 所示，说明被揉搓、滚动的作用时间、运动距离较长，作用力具有持续性；铁胆石表面多为黑色，并时有结晶体附着在表面，表明在揉搓滚动时产生过瞬时的极高温度。产生铁胆石的前提之一就是断层两侧内压力较高，铁胆石被迫滚动，而不是拖动。断层泥中不存在铁胆石，在碎屑体中生成，可见断层带内的运动是在整个断层带不同形态物质中都会呈现的，只是位移量各不相同。

利用地震反射波探索断裂带的深部构造，揭示出例如海原断裂带的深部几何形态和其两侧地壳上地幔细结构，结果显示海原断裂深部不是简单的陡立或者较缓，其几何形态随着深度变化错段逐渐消失，没有直接错断莫霍面。表层断裂形态与深部也不一样。

因地球自转、液状地幔的存在，板块就需要运动，因此活动断裂带是时常活动的，蠕滑是常态，黏滑为偶然事件，地震只是滑动过程中被滑动面闭锁后猛然错动、内力的集中爆发事件，地震事件是偶然事件，是活动中的一次突变，靠周期法来预测地震做不到精确预报活动趋势，闭锁段的

图 2-3　遗留下滚动痕迹和表面灼热痕迹的东川铁胆石

发现、应力变化的监测是硬手段。

2.7 断裂带的力学性质

断层是在地应力或地震力作用下产生的，这些力对地壳内岩体所施加的力基本为3种：张应力、压应力和扭(剪切)应力，多以组合形式实施作用，以张应力兼扭应力、压应力兼扭应力为主要组合方式出现。断层依据受力的形式可分为张性、压性、扭性、张性兼扭性(张扭)、压性兼扭性(压扭)五种。纯张、纯压的断层，自然界内并不多见，而是多少带一些扭动。

由于岩石的抗张强度仅为抗剪强度的1/3，在自然条件下，岩石更容易发生张破裂。张性和张扭性断裂是为两侧盘体让出运动空间而形成的，低围压条件下即可产生，可在平时慢慢形成断裂，比如目前在东非大裂谷正在形成的张性断裂，如图2-4所示，地表形成沟壑，海水不断侵入，多年后将扩展成海洋。亦可在整个断裂体中由一次地震形成次级正断层。断层带较宽或宽窄变化悬殊，断裂面粗糙不平，其破碎带中的破碎物多为大小不等的棱角状岩块组成的角砾岩，糜棱岩少，呈现出充填物的特性。如尚未完全胶结，常形成地下水、瓦斯、油气的导水(气)通道或为储水(气)空间，为长距离地下暗河、洞穴、天坑的形成提供了生成条件；沿着断层裂缝常有岩脉、矿脉填充。断裂带内的围压呈现出围岩自重和水压的组合。

压性和压扭性断裂一般是在较高的地震力作用下受强烈挤压形成的，闭合性好，破碎带物质多为压碎岩、强烈片理化和糜棱岩化的粉碎性物质，出现片理、拉长、透镜体等现象，受挤压、摩擦、震裂和热化作用明显。断裂带内具有储压功能，围压空间上均等，断裂带被揭露后，被压缩的断层物质迅速向空间释放压缩势能，围压重新整合，慢慢再次与周围压应力均等，断层物质的破碎和软弱才会出现物质的较大形变和应力的表现。在地下围压很大的条件下，主要形成剪性破裂，附带着形成规模较小的张性破裂，岩石中更多形成的是剪切破裂，而不是张破裂。断层内的压

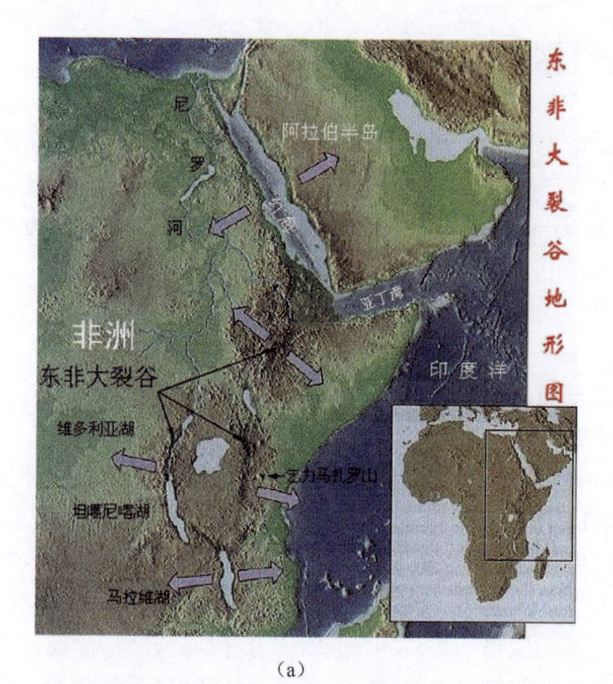

(a)

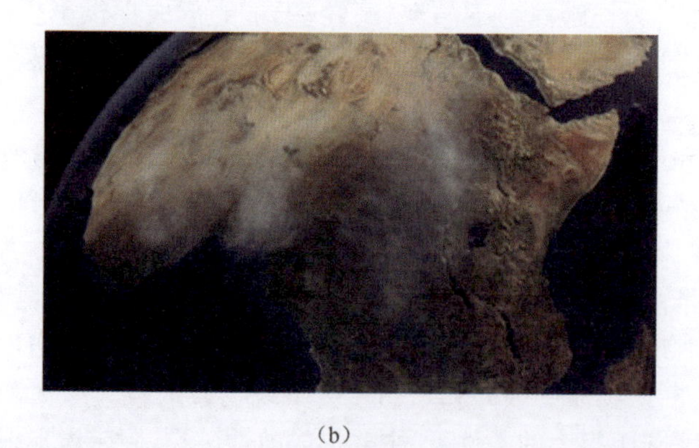

(b)

图 2-4

(c)

(d)

图 2-4 东非大裂谷图片

力传导至两盘岩体内,对于断裂附近的硬岩可形成岩爆或挤压破碎带。此类断裂透水(气)性和含水性差,当断裂规模较大、两盘为脆性或可溶性岩石时,其影响带裂隙可能较发育,仍具备含水(气)条件,也亦对产气地层形成封闭构造,造成瓦斯突出。断层带本身由于挤压密实,也可形成隔水层。

隧道和矿井巷道揭示出的有压断层内的压力,一般的多为 20~30 MPa,最大为 60 MPa 以上,未见超过 100 MPa 的,压力的大小与断层自身的张压性有关,与两盘的挤压作用力的大小有关,与断层闭锁位置有关。在揭露断层前,距断层面数米内,岩体有被强烈挤出、迸出的现象,距离越远越无体现。比如在原州区至王洼铁路专用线程儿山隧道(*L*-6 437 m)出口(接近于浅埋),隧道开挖面距离活动断层不到 10 m 时出现了岩体挤出现象,但该活动断层的规模并不大,且接近地表。

断裂构造的几何形态和断裂内力学性质是造成断裂带两侧的应力场主应力方位和量值变化的决定因素,其中摩擦力的大小、断裂带内地应力的汇集程度和两盘岩性对断裂带附近应力方位变化和幅度影响最大,断裂带对附近岩体的影响范围有限,当远离断裂后,断裂的作用力逐渐趋于与区域应力场一致。

张扭或压扭断层附近的岩体被拖拉或挤压,岩块的力学性质有别于原岩,强度都有所降低,裂隙要么被张拉要么被碾压,岩体中裂隙的发育程度随距断层面距离的缩短而增强,岩石力学强度越靠近断层越低。

断层导致周围初始应力场变异,局部产生附加应力,在揭露断层时会“活化”断层,随着距断层面距离的减小,断层应力越显现,压力越大。

地应力主应力的方向:主应力的方向在每一条活动断裂带、每一束活动断裂带上都呈现出固定的走向,与板块及次级板块运动的方向呈关联性。图 2-5 为青藏板块周边主应力的方向示意图, 图 2-6 为美国西海岸

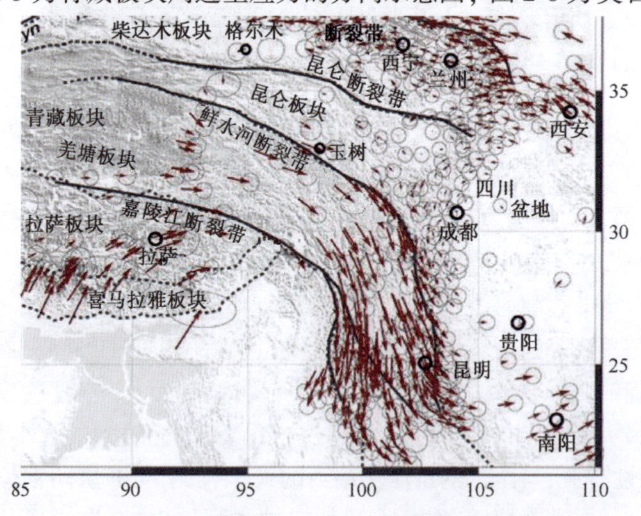

图 2-5　青藏板块周边主应力方向示意图

图 2-6 美国西海岸断裂束主应力方向示意图

断裂束主应力方向示意图，呈一定的规律性，局部方向恒定。

2.8 断裂带两盘的岩性与透水性

断层两盘的岩石性质直接决定着断层充填物的岩性及结构，并控制着断层带的宽度、破碎程度及裂隙的发育程度，从而影响着断层带的富水性和导水性。

构造破坏强度相同时，不同性质岩石裂隙发育特点各不相同。泥岩、页岩、凝灰岩、千枚岩等软弱塑性岩层断层带破碎较少，充填好，密度大，延伸性差，地下水难以储集和传导。

石英岩、石英砂岩以及大多数侵入岩构造裂隙发育虽较页岩等稀疏，但张开度好，延伸长度大，储集和传导地下水性能好。石灰岩等易溶岩石构造裂隙张开度好，延伸性好，并常有喀斯特发育。可溶性岩石中发育的溶孔、溶隙、溶洞含有丰富的地下水，当与断层裂隙组合在一起时构成复杂的含水系统、过水系统，工程开挖时极易发生突水事故。

中粒至粗粒碎屑沉积岩和砾岩粗砂岩的裂隙率、张开度优于细砂岩；泥质胶结砂岩的裂隙发育特征与页岩相似；钙质、硅质胶结砂岩与石英砂岩类似。

断层一侧为坚硬脆性岩石，另一侧为软弱塑性岩石时，断层带一般充填较好，导水性较弱；坚硬岩层一侧，裂隙较为发育，含水性也较强。

断裂破碎带物质透水性与断层性质有关，一般张性断层岩疏松裂隙张开，压性断层变形强烈挤压紧闭，扭性断层介于二者之间。这些特点都影响断层透水性。

断层岩的性质还取决于断层两盘岩石性质。一般脆性岩断层的岩碎粒空隙大，透水性好。而塑性岩层如页岩等，因断层两盘相对位移而被拖曳挤入并充填于断层带，使其具有阻水性能。一般阻水性与塑性岩层的厚度成正比，而与塑性岩层的距离成反比。即随着远离塑性岩层，断层带中塑性物质减少，阻水性能也减弱。

2.9 断裂带在陆地上的分布密度

全世界存在三大地震带，一是环太平洋地震带，集中70%的大地震；二是喜马拉雅山到地中海的欧亚地震带，汇集了全球20%的大地震，震区比较分散，不像环太平洋板块那么集中在一个狭长的地带；三是大洋中脊地震带，占大地震的5%左右(徐锡伟，2013)。中国以占世界7%的国土承受了全球33%的大陆强震，是大陆强震最多的国家。中国60%以上的土地被活动断裂带有方向、有规则地划分成条状，可划分成26个主系统，主系统又附带着若干子系统。每一个主系统的规模巨大，一般长300~700 km，最长可达两三千千米，均围绕在青藏高原周围，例如埃尔金、雅鲁藏布江、班公湖—澜沧江等活动断裂主系统，青藏高原以外的主断裂只有郯庐断裂带。台湾地区属于环太平洋海缘性断裂带，与内陆性断裂带有区别。

在青藏高原周边，活动断裂带水平间距约几十公里就一条主活动带或其次级平行断裂带，交通运输工程短则几十公里，长则几百公里，势必要横跨、穿越、并行、重合活动断裂带或横向次级断裂带，中国西北、西南地区，沿海地区，郯庐断裂带周围绝大多数工程都将面临与活动断裂带的交汇问题。

2.10 活动断裂带活动性的表现

2016年1月18日，兰新客运专线民和至乐都间张家庄隧道（L-3 769 m）发生了衬砌开裂、拱顶大范围掉块的地质灾害，导致该段线路停运，列车迂回绕行运输事故，与隧道内穿越的一条活动断层的地震活动有关。此地质灾害导致本次隧道停运，拱顶衬砌20 m长度范围内开裂、脱落，两天后的1月21日1时13分，门源县发生6.4级地震，衬砌开裂段落危害突然增大，开裂加剧，掉块增多。震后恢复平静，没有扩大的趋势。如图2-7~图2-9所示。

图2-7 震前兰新客运专线张家庄隧道内衬砌开裂掉块

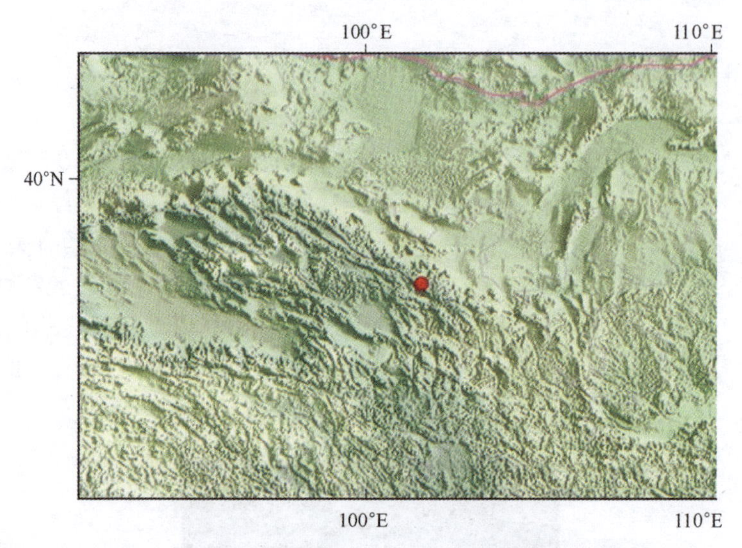

图 2-8　2016 年 1 月 21 日门源 6.4 级地震震中位置图

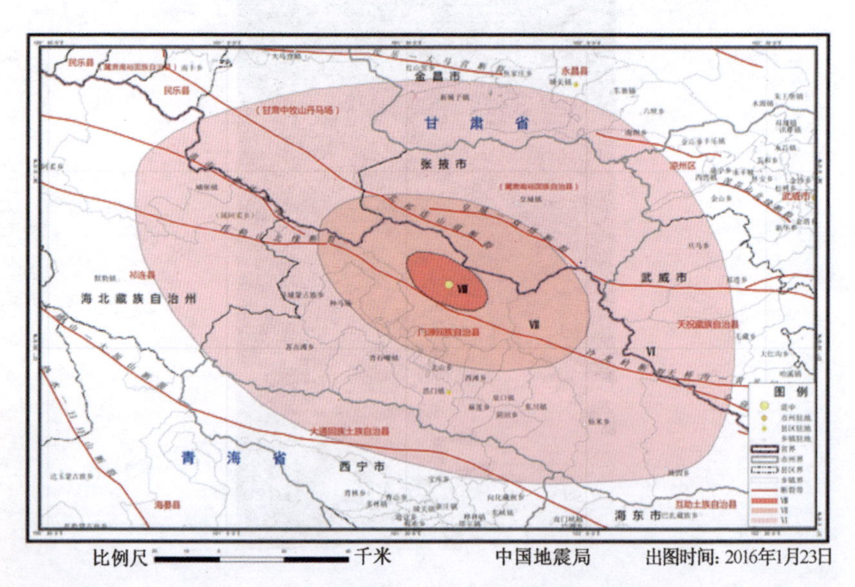

图 2-9　2016 年 1 月 21 日门源 6.4 级地震烈度图

本次门源县地震震源发生在祁连山北缘活动断裂带东缘的冷龙岭断裂与托莱山断裂交汇附近(距离小于 8 km),张家庄隧道位于青海省民和至乐都之间,距震中约 150 km,位于主断裂带的端部位置,也是该断裂带上唯一穿越的隧道工程。隧道最大埋深 290 m,穿越地层为风积黄土、粗圆砾土、卵石土及第三系中新统泥岩、泥岩夹砂岩,活动断裂带隐伏在土层下方,地震和震前活动也造成了山体的开裂。

该断裂构造是青藏高原东北角上的重要活动构造带,现代活动十分活跃,1900 年以来,震中附近 100 km 范围内共发生 6 级以上地震 5 次,沿断裂带历史上发生过多次 7~8 级强震,1927 年古浪 Ms8.0 级大震震中距门源 64 km,1986 年 8 月 26 日门源西北 40 km 处发生 Ms6.4 级地震。

该事故表明,地震发生前,板块在短时间内发生快速位移,对自由的活动断裂带可以直接产生变形,对于某个阻点上,板块势能转化为挤压应力,当应力超越活动断裂带内的阻点内的阻力时,地震瞬间发生。地震力的大小与阻点的抵抗力大小有关;与活动断裂带长度的大小有关,长度越长,活动的伸展度越大,汇集的位移量就越大,板块间相对势能就越大;与板块块体的运动体量有关,体积越大,产生的动能越高;与活动断裂带的润滑性能有关,阻点越少,板块活动的越为自由,发生强震的可能性降低。

该事故为高速铁路穿越活动断层具有警示作用。隧道穿越活动断层区域时风险将大大增加。活动断裂带将是高速铁路能否立项并控制行车速度的重要因素。

3

活动断裂带断口内活动状况对交通工程的影响

断裂带(fault zone)亦称“断层带”,由主断层面及其两侧破碎岩块以及若干纵向、横向次级断层或破裂面组成的地带。活动断裂带的表层形态中绝大多数已经失去了断层物质、失去了两盘夹一破碎带的形态,更多的是以沟谷的形式存在着。

活动断裂带露头后的形态、活动方式与断裂带地下状态完全不同,亦与周边相对静止状态下的山体、沟壑大相径庭,形成了自身的一套表现形式。活动断裂带,自身的地表活动性表现为高度密集化的崩塌、滑坡和频繁的泥石流等地质现象。这些现象绝大多数不是简单的孤立事件,它们的内在发生机理与断裂带的活动有很大的直接关系。经过大数据对比:这类地质活动现象多集中在活动断裂带地表出露的范围内;地质灾害高发区与活动断裂带的分布相对应;地质灾害集中爆发期与活动断裂带的活跃期相对应;地质灾害再次集中爆发与活动断裂带内工程扰动有直接关系。

将断裂带露头经风化、冲蚀后形成的山谷,包括其两侧山体定义为“断裂带断口”。其是断裂带形态中的部分。

活动断裂带断口内的表现或活动现象是工程的可行性研究、工程选址、工程类别选择、防护措施强度等的制约条件,是房建基础、桥梁、路基边坡、浅埋隧道洞身灾害、工程病害的直接因素。

到目前为止,涉及人类活动区域内,我国统计到的地质灾害隐患点超过23万处,重大隐患处超过2 000处,威胁人口超过3 500万,威胁财产超过万亿元。据调查统计,中国滑坡、泥石流、崩塌、地面塌陷、地面沉降、地裂缝等地质灾害易发区的面积达到600多万平方公里,约占全国总面积的65%,多集中在西南地区、西北地区和沿海地区的活动断裂带区域内。

据以往的统计,崩滑流发育强烈的省份有云南、四川、贵州、陕西、甘肃、宁夏;崩滑流灾害危害较大的省市有四川、云南、陕西、宁夏、甘肃、贵州、湖北、辽宁、北京、河北、江西和福建等,在地域上可划分为15个多发区,它们是:(1)横断山区;(2)黄土高原地区;(3)川北陕南地区;(4)川西北龙门地区;(5)金沙江中下游地区;(6)川滇交界地区;(7)汉江安康—白河地区;(8)川东大巴山地区;(9)三峡地区;(10)黔西六盘水地区;(11)湘西地区;(12)赣西北地区;(13)赣东北上饶地区;(14)北京北郊怀柔—密云地区;(15)辽东岫岩—凤城地区。这15个区域都对应着一组或一系列大型活动断裂带,大部分多集中在青藏高原的周边,特别是云贵川地区的活动断裂束密集区,且在近500年间几乎都有过大型地震的发生。

我国滑坡、崩塌频繁侵扰的市镇有60余座,频受泥石流侵扰的市镇50余座。较为严重的有重庆、兰州、东川、安宁河谷等,绝大多数这些城镇位于活动断裂带的附近或之上。

另外,我国归结出来的10大类31种地质灾害中,地震、岩土位移和地面变形等前3大类,所细化出的8个种类:天然地震、诱发地震、崩塌、滑坡、泥石流、地面塌陷、地面沉降、地裂缝,都与活动断裂带有直接的关系,多发生在活动断裂带断口内。可见,活动断裂带对地形的改变主要体现在断口内。

3.1 活动断裂带断口形式

大型活动断裂带两盘岩体出露地表后,在地形上表现为两侧高山夹一沟谷,沟心被碎石体掩埋,主沟纵深几十至几百公里,时有弯曲、拐点,分裂出纵向次级断裂段,两盘内的横向次级断裂按滑移方向呈一定角度与主断裂带相交。地形呈现出山高、坡陡、沟深,沟谷形态、宽度、坡面剥蚀情况可以反映出活动断裂带的规模。断层物质经雨水、河流的冲刷形成沟壑,两盘内松散或不稳定岩石脱落后形成坡面,坡面的陡峭程度与两盘岩体的岩性有关,强度越高、完整度越高的岩体,坡面越陡。断层露头被上游和两侧山体脱落的断层物质所掩埋,形成碎石体河床。当沟谷的最终出口高程相对过高时,上游携带的断层物质很可能将沟谷填满,形成隐伏断层。图 3-1 为活动断裂带断口部分表现形式的横断面示意图。图 3-2～图 3-4 示意出一条断裂带断口在沟谷不同位置上的差异性。

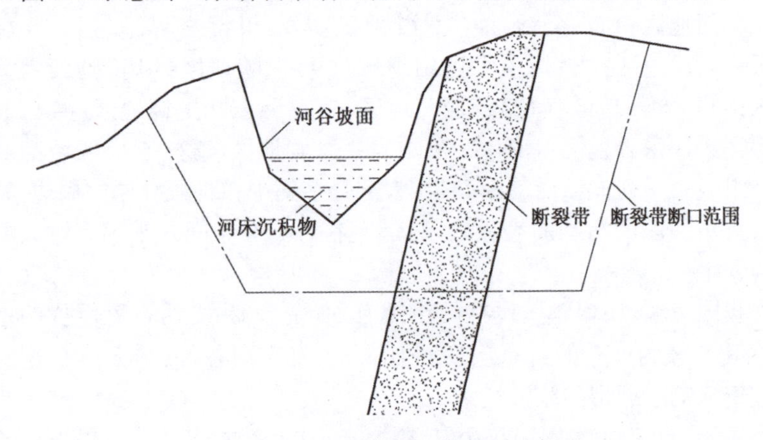

图 3-1 活动断裂带断口横断面示意图

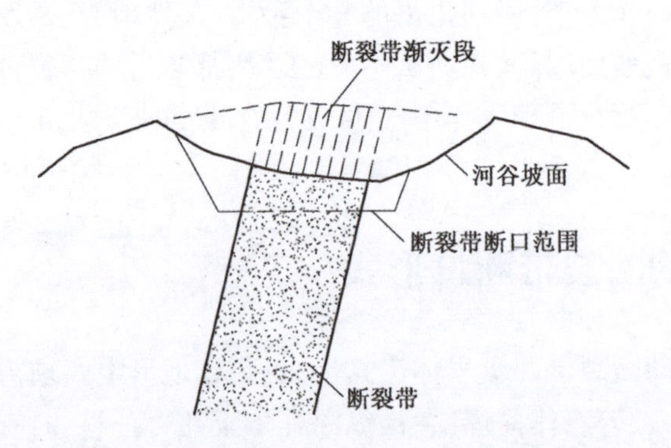

图 3-2 活动断裂带山岭垭口处断口横断面示意图

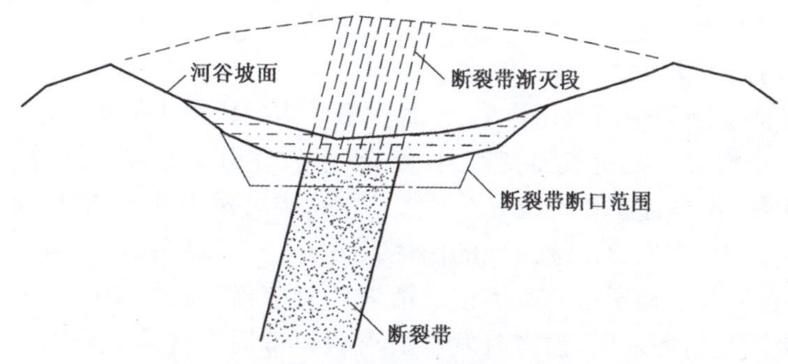

图 3-3　活动断裂带沟谷中段断口横断面示意图

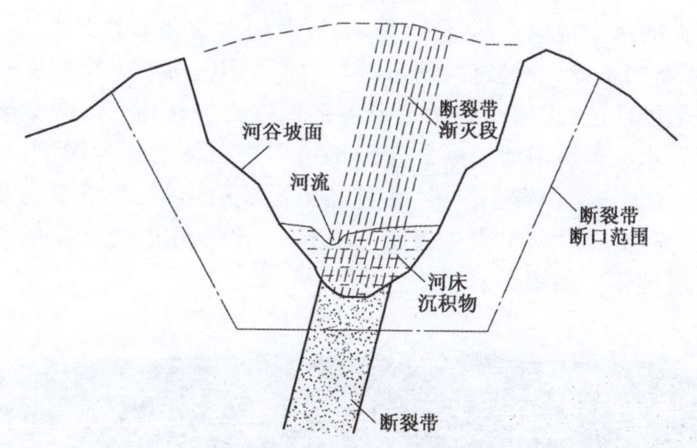

图 3-4　活动断裂带沟谷下游段断口横断面示意图

断裂带两盘岩体的剥蚀能力与断裂带的活动性、地应力有关。地应力将断裂带地表以上塑造成较有规律的地形。

断裂带露出地表后，断层物质以及两侧断层面内松散物质脱落，两盘表面形成相对稳定的岩面，在后续地应力的作用下多次对岩面进行改造，直到地应力减弱。

断裂带露头部分，断层物质以及两盘内松散岩石自然脱落或河流冲刷，形成沟谷，断裂带附近的地貌基本由断裂带的活动产生，每一处沟谷、山体、褶皱等都是主断裂带长期运动的结果，运动后的形式大致由以下特征单元组成。

(1)高密集度的山体滑坡

在活动断裂带两盘山体上,或者在多个沟谷内的土质山坡上,连续出现多个滑坡体或滑坡面,密集程度高,滑坡体分为已滑下倾覆、滑动尚未倾覆、滑坡面正在形成等三种形式。这类可辨识的、尚能在同一部位重复再生,或比邻连续出现的山体滑坡群,多出现在山体为黏土、黄土、泥岩等软弱地层中。本类型的滑坡体集中出现在活动断裂带和横向次级断裂带的周围,强震时发震活动断裂带周围这类滑坡体会大量的再次出现,稳定期当中,未滑落的滑坡体或突出山体受到沿断裂带走向方向上的水平地应力的挤压、切割,以及两盘断裂带上土体位移的差异,形成新的不稳定滑坡体,雨水冲刷、河水掏底对产生滑坡体只起到次要的辅助功能,主因还是断裂带内部地应力的作用。以西秦岭北缘断裂带天水—凤凰山活动断裂带天水市周边山体滑坡为例,天水市区北侧卦台山,表层由黄土峁梁、红色黏土形成的山体,为该活动断裂带的一盘,紧邻该断裂带,山体表面大小不一、比邻相接,突出来的山体被切割出滑坡体。如图 3-5 所示。

图 3-5　天水市区北侧卦台山高密集度滑坡体

这类滑坡体与非活动断裂带周围发生的重力式滑坡体起因不同,重力式滑坡体是坡脚失稳,表面水土流失,雨水下渗改变重量或干燥收缩,属于外界条件对山体的改造,爆发数量不会集中,地点不在一个沟内集中出现。在地形演变的过程中,这类非稳定体慢慢被平复,山体表面最终达到一定时期的稳定,不会出现区域内持续集中爆发的情况。目前出现的滑坡严重区域都是持续生成的,是断裂带蠕变活动、地震活动造成的,是地应力释放、演变的一种地表表现。

(2)沟谷坡面剥蚀

断裂带所在的沟谷走向顺直,两侧山体高度各自显示为等高,沟谷坡面倾角保持一致,坡面内凸凹现象基本不存在,坡面整齐划一,山体岩性一般为硬质岩,岩层埋置整齐。坡面上均匀地铺满薄层碎石,如风化后的岩碎砾,植被贫乏,沟内汇集了大量的碎石体,被河水冲刷后显得平整。整个地貌整齐规整,特征单一。

断裂带在此段内本身顺直,没有拐点、阻点,断层性质在此段内稳定,或走滑或直下运动,没有扭曲。在地面露头处,松散的断层物质及两盘内松散岩层被冲蚀后形成沟谷,沟心被碎石体掩埋,两侧坡体又受到走向方向地应力的作用,在坡面上形成被剪切下来的岩砾,如同剥蚀现象。这种坡面碎石坡积体生长迅速,远远超过一般风化速度,雨季内被冲刷干净,但在下一个雨季来临之前,坡面上又布满碎石,碎石的剥蚀强弱程度与断层活动呈对应关系。

以甘肃省舟曲境内的"临潭—宕昌断裂带"、"迭部—舟曲断裂带"、"临江断裂带"系列组,以及他们之间的横向次级断层组成的断裂带活动体为例,该活动范围内自身部分具有活动性,后经汶川地震的牵连,龙门山断裂带对其在甘肃境内的东北部的端部的挤压,各活动山体再次聚集地应力,坍塌、坡积体的数量剧增,走向上顺直的沟谷坡面上生成的碎石坡积体,生长速度极快,可在短时间内生成一定厚度的碎石面层,一场大雨即可将碎石体冲下河沟,为泥石流生成的作用之一,如图3-6所示。

甘肃省舟曲县2010年8月7日的特大泥石流灾害就是在汶川5·12地震两年之后发生的,舟曲县正好位于龙门山活动断裂带的北端,该断裂带一直向北端挤压,对舟曲县内的山体施加地震力和震后挤压地应力,使部分坡面新生出碎石体,配合着滑坡等,造成震后集聚性一次爆发,舟曲县内可被认定为灾害性泥石流沟的有87条,约占地质灾害隐患点总数的51.5%(2013年统计),泥石流为本区目前第一大灾害类型,坡面仍在继续剥蚀出大量碎石坡积体,在较长的时间内,该区域内的泥石流灾害具有持续性,这与震后地应力的持续活动有直接的关系。

(a)

(b)

图 3-6　坡面自生碎石坡积层展示图

(3)沟头为圆弧面且被剥蚀——应力沿环向剥蚀坡面

活动断裂带端部受阻于山体硬岩,断裂带无法继续延伸,在山体处形成一个漏斗状圆弧面,圆弧面表面碎石不断被剥蚀,圆弧面下方为碎石堆积体。次级横向断层端部更容易观察到这种情况，其结构面是泥石流物质来源之一。随着活动断裂带内地应力能量的减弱，断裂带的活动性在端部受阻后，势能汇集到硬岩山体内，两盘运动方向相反，在端部形成应力方向上的转换，形成弧状剪切应力，对山体表面形成剥蚀作用，圆弧面逐渐扩大，直到断裂带的活动性减弱。小江断裂带内横向支沟的端部也是这样的构造，特别是泥石流流量很大的支沟。图3-7为小江断裂带内大白沟沟头端部剥蚀状况。

图 3-7　大白沟沟头端部环状剥蚀状

持续对沟头剥蚀，提供了沟内泥石流的物质来源，呈现出地表附近地应力的方向，剥蚀程度显示出地应力的作用强度。发震时地震力受阻于端部，可为研究地震力与岩体抗力之间关系提供模型。

(4)U 形沟谷

在断裂带沟谷内会突然出现一 U 形弯，一侧突出来一山嘴，对面为一山坳，成对出现。弯沟内的山体会出现一片一片的碎石坡积体，山体均为硬岩。此地形为活动断裂带在此处位移方向上的闭锁部位，是地震力未能释放或重新产生蓄能的构造，也是下一次地震的主要发震构造。待地应力强烈时，地表以上的山体会被逐渐剥蚀，山嘴消失、山坳两侧山体扩展，逐渐形成一宽沟。不再活动的断裂带上，这类地形被保留了下来，如图 3-8 所示。此类地形多与下部岩性的突然变硬、岩体的完整性有关。

图 3-8　U 形沟谷

(5)断裂带垭口

垭口一般地质构造薄弱,或地层松软,软土侵蚀,为不良地质场所。断层破碎带型垭口内岩体为断层物质,断层陷落型垭口内岩体为两盘脱落松散体,无论是活动断裂还是非活动断裂,这两种断裂带都属于不稳定岩层。活动型断层垭口内物质随断层活动而迁移,垭口水土流失严重,内部松动,垭口由松散体或破碎岩体组成,或者下部直接为断裂带。

以上五种特征单元,均是山体内在水平构造地应力的作用下,表面大面积地出现连续碎石脱落或盘体开裂的情况,脱落速度和范围远大于同一地区风化、水土流失所能达到的程度,山体内部汇集着能量,向断裂带一翼运动的方向汇集,山体内部挤压而使表面岩层脱落;山体突出部位与内部地应力大小的不一致,形成错动剪切面纵向开裂导致脱落、滑塌;山洼处受到两侧地应力的挤压,在洼体内形成环状剪切面,塌落体逐渐将山洼扩大成深沟。

3.2　断裂带在地表上的羽翼状分布

一条主断裂带周边都次生出多条次级横向断裂带,构成一个羽翼状的结构,次级横向断裂带覆盖的宽度,决定了主断裂带的影响范围和区域,主断裂带与其横向次级断裂带是一个整体。强震都发生在主断裂带上,不同时期的地震震中区都是沿着主断裂带线性分布,横向次级断裂带是地震能量消减空间。

活动断裂带无论是蠕变还是强震突变,都是沿着断裂带走向,并带动其自身的横向次级断裂带发生运动,形成一个大范围区域内的地层联动,这个区域的大小与断裂带和其横向次级断裂带的规模相一致。发震活动断层的自身羽翼状分布决定了严重震灾带的空间分布特征。

图 3-9 为龙门山断裂带上汶川地震后的地质灾害强弱分布图,主要沿着龙门山主断裂带扩展,两翼随着横向次级断裂带的数量和延伸长度,决定了灾区的宽度。图 3-10 为灾后滑坡分布图,可以看出汶川地震时,龙门山断裂带整体构造的大致规模和形状,也可看出整个断裂带对东北方向上的挤压和运动趋势,并且主断裂带的运动受阻于东北向的地层,甘肃和陕西境内的后续地质灾害都与此次地震有很大的关系。

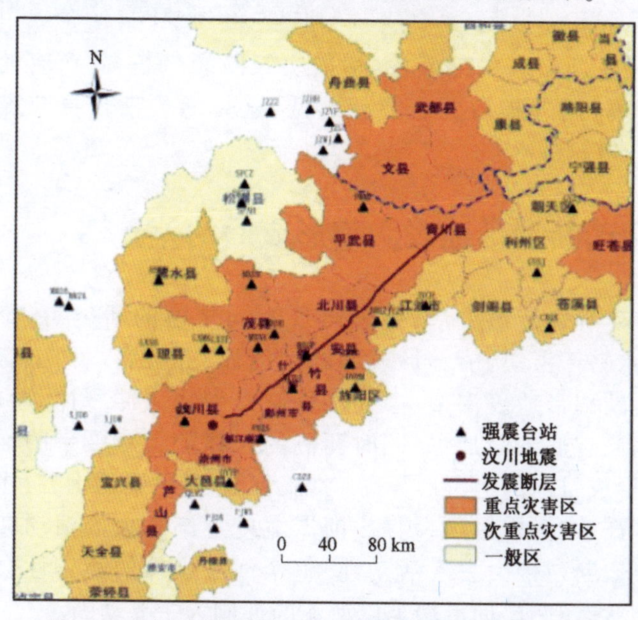

图 3-9 龙门山断裂带与汶川地震灾害区划对应关系图

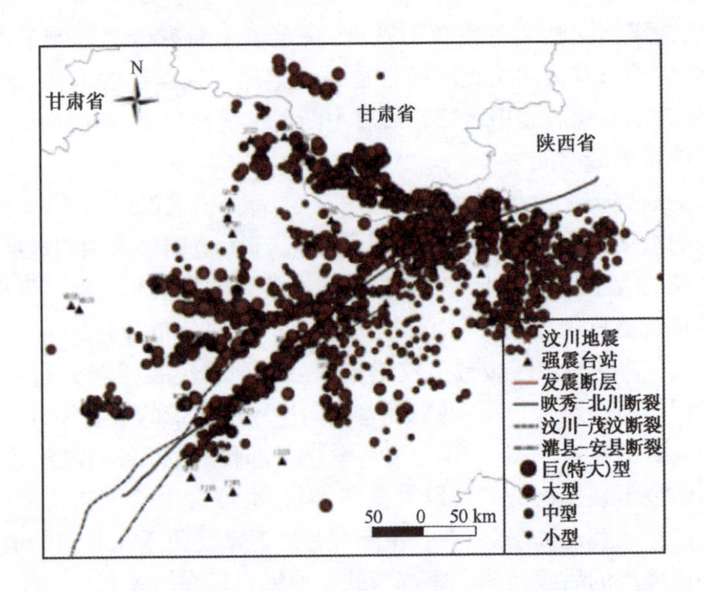

图 3-10　汶川地震诱发滑坡与龙门山断裂带整体构造对应关系图

另外,主断裂带的断裂段、横向次级断裂带越多,已有的破裂构造密度越高,向外扩散的震能就越低,这是断裂带自身减震的形态条件。

3.3　活动断裂带地表沟壑形成后的差异性

自活动断裂带形成后,地表出现不同规模的断裂,在长期演变中,地表水易于汇集,能够形成冲刷型河流,并且在纵向上有相对较大高差的断裂带地表沟壑,会逐步将破碎带物质冲刷掉,形成沟壑、深沟、峡谷,谷底不断加深,同时两侧的岩体随着断裂带的活动性逐渐脱落,形成目前的上游地势高、水流小、地形平缓的沟谷,中下游为河流冲刷严重、两岸滑坡、坍塌、河岸宽度逐渐扩大的活动断裂带地貌。如果原断裂带失去了活动性,整个河谷山体的稳定性会恢复相对平静的状态,两岸的滑塌是以河流的冲刷为主要动因。

这类沟谷在具有相对很低的出口时，整个沟谷将形成至少三种形态：第一是沟口段，山体两侧纵向断裂发育强烈，碎石坡积体大范围出现，不断地向沟心倾覆，而后被河流携带出沟谷；第二是沟身段，坡面活跃程度不及沟口段，断裂带露头被深埋，两岸可纵向滑动的坡面范围有限，可以大范围滑塌的山体已被沟心的覆盖体压着；第三是沟头段，地势较高，汇水面积小，沟心与两侧山体的高差相对较小，地形较为平缓、宽敞，两侧山体坡缓而稳定，这是因为两岸纵向垮塌下来的覆盖层没有被河流携带走，保留了很厚的覆盖层。

当活动断裂带在纵向上没有相对较大的高差时，冲刷作用失效，对断裂带缺少揭示作用，不会形成临空面，整个地貌相对显得安静，地质灾害都被掩埋着，多形成隐伏断裂带。

3.4 交通工程地质灾害与活动断裂带的匹配关系

滑坡、泥石流常被看作是孤立的地质灾害现象，但其实是与活动断裂带有必然的联系，呈现出多处集中出现、集中滑塌、集中爆发，与断裂带的活跃程度有关联，全国地质灾害严重的铁路、公路都与活动断裂带有关联。

据统计，在2006年兴修高铁以前，我国1/4以上的普通铁路建设在Ⅶ度以上的高地震烈度区，铁路沿线分布有大型泥石流沟超过1.3万条，大中型滑坡和崩塌分别超过上千个，严重塌陷接近4 000处。这类地质灾害集中在我国的西南地区、西北地区、华中和华北山区铁路线上。

我国铁路沿线滑坡、崩塌地质灾害最为严重的线路有宝成、宝天、成昆、襄渝、川黔、鹰厦、黔桂、枝柳、太焦、沈大等，滑坡、崩塌灾害约占全国山区铁路沿线地质灾害的80%以上，平均每年中断运输约40余次，中断行车超过800 h(2006年)。

我国铁路沿线泥石流灾害主要集中于宝成铁路、成昆铁路、东川铁路支线、青藏铁路、南昆铁路、内昆铁路。

以上线路均与某一条活动断裂带相对应，见表3-1。

表 3-1　崩滑流地质病害严重的铁路线路与地震活动断裂带的对应关系

序列	路线名称	所在活动断裂带	注　释
1	宝成	龙门山断裂带	与主断裂带并行,线路基本位于断裂带两盘中的东盘边坡上,在盘面上开挖边坡、切面布明洞、顺河桥
2	宝天	宝鸡—商南断裂带	同上
3	成昆	线路经过的牛日河、安宁河、雅砻江、金沙江和龙川江,大都是沿着或平行大断裂发育的构造河谷	13 跨牛日河,8 跨安宁河,49 次跨过龙川江
4	襄渝	月河断裂(破碎带宽度 200～500 m),红椿坝—曾家坝断裂带(破碎带宽度 50 m),饶峰—麻柳坝—城口断裂带(破碎带宽度数十米至数百米),华蓥市断裂带	线路与断裂带斜交,对本线路影响较大的是断裂带和数条褶皱
5	川黔		
6	鹰厦	永安—晋江断裂带,南平—闽江断裂带等	灾害反应为台风暴雨后的崩滑泥
7	黔桂	无	岩溶
8	枝柳	寻江、融江河谷断裂带	
9	太焦	中州平原断裂带	
10	沈大		
11	东川铁路支线	小江断裂带	病害程度名列全国铁路系统的前 3 名
12	青藏铁路	唐古拉山—拉萨段存在 5 条重要的全新世控震断裂带,从北到南分别是温泉盆地西缘断裂带、安多盆地北缘断裂带、崩错断裂带、谷露西缘断裂带和当雄—羊八井断裂带	

续上表

序列	路线名称	所在活动断裂带	注　释
13	南昆	横断山区活动断裂带群组	
14	内昆	横断山区活动断裂带群组	
15	湘黔线怀化以西	新晃大断裂	

随着铁路网、高速公路网规模的不断扩大，随着西北、西南地区高铁及高速公路项目的大量兴建，特别是复杂山区高速公路的递进，地质灾害在工程中的风险有上升的趋势。

目前铁路地质灾害多发生于地表，与普通铁路的工程类别选择有关，多路基、桥梁，少隧道，崩滑流灾害就显得特别多。待到近些年高速铁路的发展，选线的条件和原则发生巨大的变化：尽量避开地质灾害及多疑部位，取直线路，以隧道形式穿越山区，避开不良地质区域。但高速铁路线路中隧道工程穿越地震活动断裂带的次数大大地增加，地质风险由地表转移至地下，未来隧道被活动断层切断、断面位移错台、衬砌结构开裂等问题将不断出现。

以往个别工程行走在活动断裂带上的反应：行走在西秦岭北缘断裂带宝鸡—天水段活动断裂带之上的陇海铁路线宝鸡至天水段，在 2004 年改线提升之前，线路在断裂带两盘上擦边而行，一直是铁路工程地质灾害多发的线段。

并行在龙门断裂带和小角度穿越小江断裂带上的成昆铁路是我国受地质灾害最严重的铁路，曾发生过 1981 年中国铁路最严重的自然灾害——利子伊达事件（泥石流导致），2008 年攀枝花地震也曾对其造成严重影响。

湘黔线怀化以西，铁路沿新晃大断裂行走，受大断裂运动挤压的影响，以及红色砂岩、泥岩自身膨胀性的双重作用，造成路堑边坡或山坡多不稳定。

有近千座水电站及数百座水库受到崩塌、滑坡、泥石流灾害的严重威胁，仅云南一省已毁坏水电站360余座、水库50余座。

3.5 交通工程对活动断裂带地表再次扰动

随着人类活动越来越多地接触活动断裂带，相关的地质灾害被显现出来，统计数据都集中在城市建设、工程附近，在人迹罕见的地区，地质灾害仍然在发生，改变着地形、地貌。一方面人类活动延伸到哪里，相关的活动断裂带地质自然灾害就被显现出来，另一方面人类活动又助长了地质灾害的发生。工程已涉及的活动断裂带区域，地质灾害是由二者协同作用引起的，人类活动痕迹终究会被自然作用平复掉，回复到自然演变的行程上。

以川藏公路为例，本线所经过的地质灾害，不能以简单的"崩滑流"来解释，其根源是线路穿越了多个活动断裂带的地表影响区域，对本身就会出现高频率的"崩滑流"地形进行了工程再扰动，加速山体的失稳。该公路穿越的主要断裂带有：龙门山断裂带、沙鲁里山褶皱带、雅砻江—丹巴褶皱带、巴塘—哀牢山褶皱带、姜汤—昌都断裂带、澜沧江褶皱带、宁静山—无量山褶皱带、罔底斯—伯舒拉岭断皱带、鲜水河大断裂、甘孜—理塘大断裂、金沙江大断裂带、澜沧江断裂带、怒江断裂带、松宗—嘎达断裂带、雅鲁藏布江大断裂带等。这些断裂带的活动性将地表岩体变得不稳定。特别是川藏公路南线全线泥石流近700处，其中90%集中分布在高山峡谷区的活动性断裂带内。

图3-11、图3-12为汶川地震后修建的一条三级公路，震后"崩滑流"尚未平息或减弱，人为工程再次触发其极限稳定状态，对自然、对工程都造成破坏。

图 3-11 汶川震后区域内工程与地灾的相互作用示例图

图 3-12 汶川地震区域内山脚下碎石堆积体揭示后展示图

3.6 川藏铁路沿线断裂带对工程选线的制约性

拟建川藏铁路全长约 1 910 km，如图 3-13 所示，途经四川西部及西藏东南部，需要穿越多个板块——雅安至林芝段穿过华南板块、滇藏板块及印度板块 3 个一级构造单元。从东向西依次穿过 6 个二级构造单元：

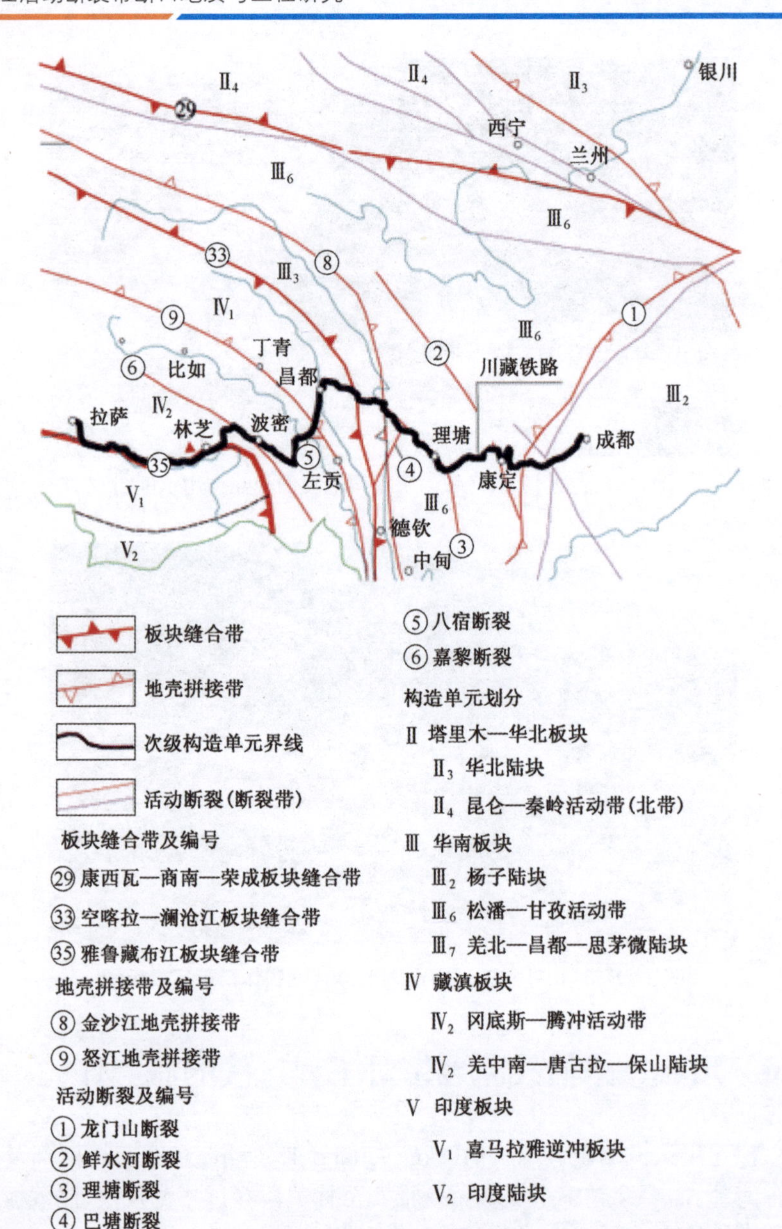

图 3-13 拟建川藏铁路线路与各级活动断裂带及板块间的关系图

华南板块之扬子板块、松潘—甘孜活动带及羌北—昌都—思茅微陆块 3 个二级构造单元；滇藏板块之羌中南—唐古拉—保山陆块及冈底斯—腾冲活动带 2 个二级构造单元；印度板块之喜马拉雅逆冲板片 1 个二级构造单元。

这些板块以构造带的形式划分。沿线主要深大断裂以板块缝合带、地壳拼接带等深大断裂为构造格架，与其他活动断裂一起，构成了与川藏铁路雅安至林芝段最为密切的地质构造。主要的板块缝合带断裂有澜沧江断裂、雅鲁藏布江断裂，地壳拼接带断裂有龙门山断裂、金沙江断裂、怒江断裂，此外还发育有鲜水河断裂、甘孜—玉树断裂、理塘断裂、巴塘断裂、玉龙希断裂、八宿断裂、嘉黎断裂、米林—鲁朗断裂、夺松—比丁延展性走滑断裂带等其他活动断裂，如图 3-14、图 3-15 所示。

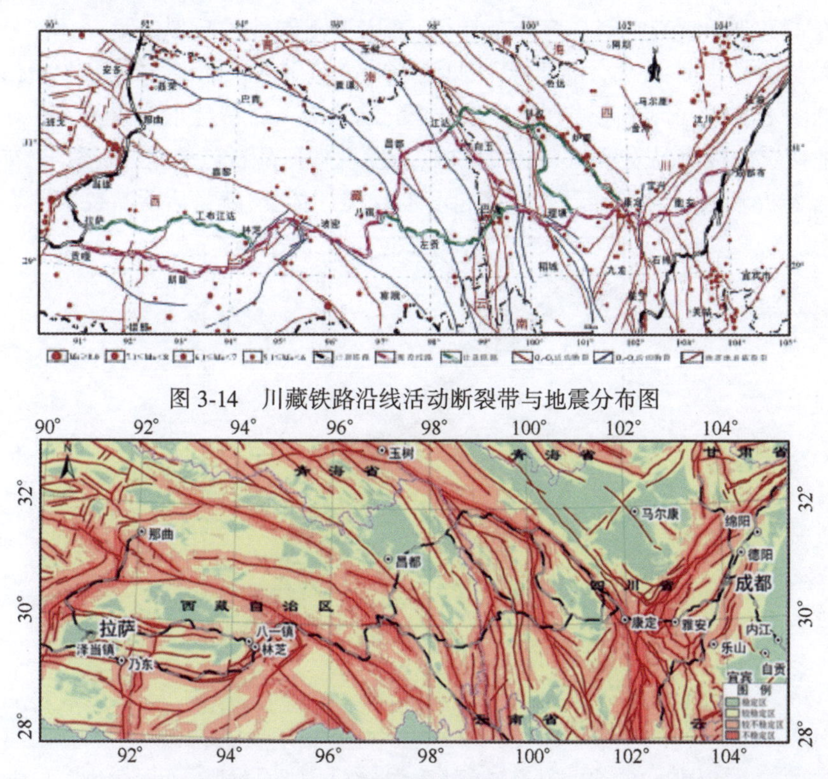

图 3-14 川藏铁路沿线活动断裂带与地震分布图

图 3-15 川藏铁路沿线活动断裂带与地壳不稳定区域的对应关系图
(中国地质局调查网站)

川藏铁路沿线地质条件极其复杂，活动断裂发育，活动断裂带内地质灾害发育密度大，大型崩滑体、高速远程滑坡、高位危岩落石、泥石流、碎屑坡、水毁及生长期高陡岩质边坡等山地灾害发育，其具有规模大、破坏力强、隐蔽性强、灾害发生频繁且难于治理等特点。在调查拟建川藏铁路沿线主要地质灾害及分析其特征的基础上，从地质角度上分析，以上灾害均是活动断裂带地表以上的活动反应，最为集中的表现是滑坡灾害。

中国地质调查局部署的"川藏铁路活动断裂调查与地质灾害效应评价"项目，对铁路沿线重要断裂活动性和地质灾害发育特征开展了调查，其结论为：

对诸如鲜水河等大型断裂带的活动性、地质灾害与易发性评价中，研究了主要断裂带空间发育分布特征，确定了不同地段断裂的活动速率和强震迁移特征；在鲜水河断裂带两侧 10 km 范围内识别出 415 个滑坡体，如图 3-16 所示；铁路线在康定县城段、道孚南—炉霍至东谷段基本位于地质灾害极高易发区和高易发区内；新发现理塘乱石包高速远程滑坡，如图 3-17 所示。除了活动断裂带自身的状况评估外，就是活动断裂带地表

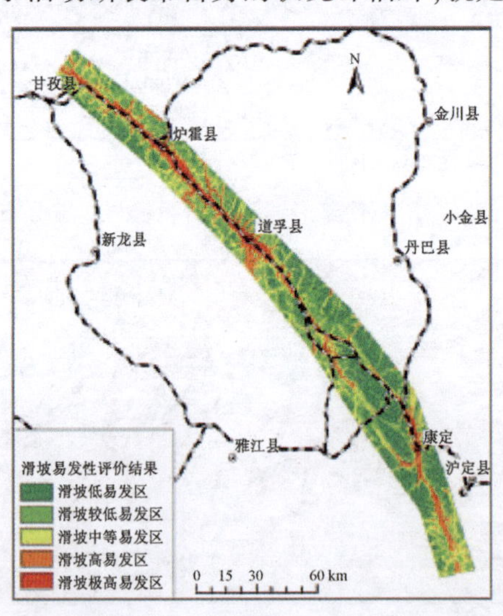

图 3-16 川藏铁路鲜水河活动断裂带滑坡易发地分布图

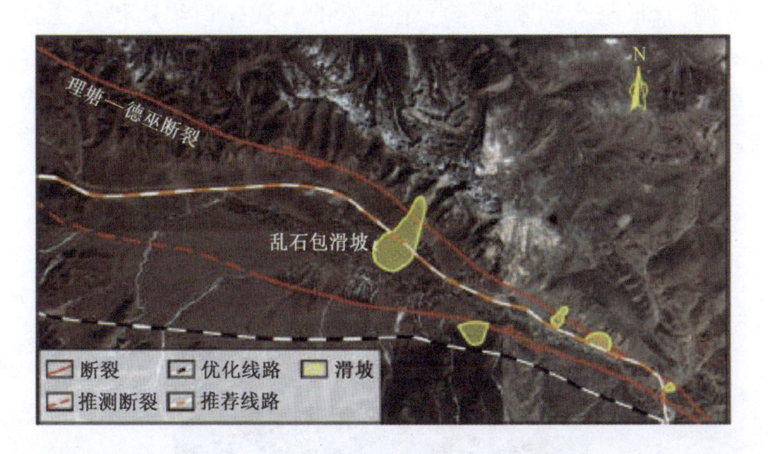

图 3-17 川藏铁路沿线活动断裂带上的理塘乱石包高速远程滑坡示意图

外的活动状况的调查。

活动断裂带对川藏铁路选线的影响:线路首先遵循垂直跨越活动断裂带的稳定段,线路所经过的断裂带处活动性需要保持稳定,不在滑坡密集区、岩屑坡面段、闭锁段落、横向支沟沟口附近穿过,线路服从活动断裂带处的地质稳定性;跨越方式以桥梁为主,避让沟内泥石流,铁路选线宜应先确定桥位,再以越岭的长隧方案或以傍山的长隧短打方案展线为宜,尽可能地绕避大型不良地质体;车站不宜设在活动断裂带沟谷内;拟建川藏铁路高山峡谷地貌段选线首先应遵循线位服从桥位和车站、桥位和车站服从地质的原则。

沿着活动断裂带宽沟布线时,选线宜外移绕避大型滑坡、岩屑坡或展线于对岸避开泥石流,主要以路基或桥的方式、局部可辅以隧道绕避大型不良地质体通过;顺活动断裂带窄沟布线时,铁路选线宜以傍山的长隧道,尽可能减少线位露头以绕避地质灾害体。

以成兰铁路为例,该线注重了对龙门山活动断裂带的穿越方式,如图 3-18 所示,在茂县—安县柿子园段,线路折向该断裂带,以垂直方向最短线路长度布线,工程在地质允许的最稳定地段以矮路基的方式穿越,为此,线路多绕行了数十公里。本线是服从活动断裂带地质原则的一个设计案例,是横跨活动断裂带的最基本的方式。但线路仍无法避免与该主断裂带的横向次生断裂带小角度的穿越,这也是活动断裂带区域内必然要发生的,此类工程后期仍会有很多涉及活动断裂带的工程问题。

图 3-18　成兰铁路穿越龙门山断裂带示意图

以上所阐述的地质灾害和工程风险点,都是在活动断裂带断口内发生的,都是活动断裂带地表活动的反应,都是活动断裂带无形而直接的起因。因此,活动断裂带断口的研究,就成为地表工程研究的重点。

4 小江断裂带的活动规模

沿小江断裂带断口内布设线状工程，需要对小江断裂带地震、地质状况进行了解，以及补充必要的勘探，有幸的是该断裂带在地学专业人士多年来的勘察和研究中，已为我们提供了大量翔实的地震、地质、地下断层物质、地表断裂表现等资料。以下绝大多数内容都是近几十年来的研究成果，并由国家地震局汇编，代表了国内学者对小江断裂带的研究深度和最高成就。

云南省境内的小江断裂走向近南北，总长 530 km，平均水平滑移速率 10 mm/s。自东川小江村起，小江断裂分东西两支，近乎平行向南延伸。带内有多条次级断层，彼此雁行排列，形态复杂，不仅断裂阶区多，断层面陡且转弯亦多；地震频发，地震灾害常有记录，有相对完整的五、六百年间的持续地震记录，有一百多年中外地质、地震学者针对此断裂的研究成果。小江断裂带位置及走向如图 4-1 所示。

20 世纪 80 年代末，李玶等学者对鲜水河断裂至小江断裂带进行了长期而规模庞大的野外考察研究后，对包括小江断裂带在内的这一系列活动断裂带提出了研究成果，并将前人百年内的研究成果并入了《鲜水河—小江断裂带》(1993 年)研究报告之中。所实测到的 200 余个水系、山系与地质地貌体的位移值，其丰富度与可信度远超前人。

1989 年由国家地震局牵头对包括小江断裂带在内的国内 15 条大型活动断裂带进行了大规模地研究，并相继出版了 1∶5 万地质填图等专题成果，这些成果具有目前学术上的最高成就，并对每条断裂带进行了定

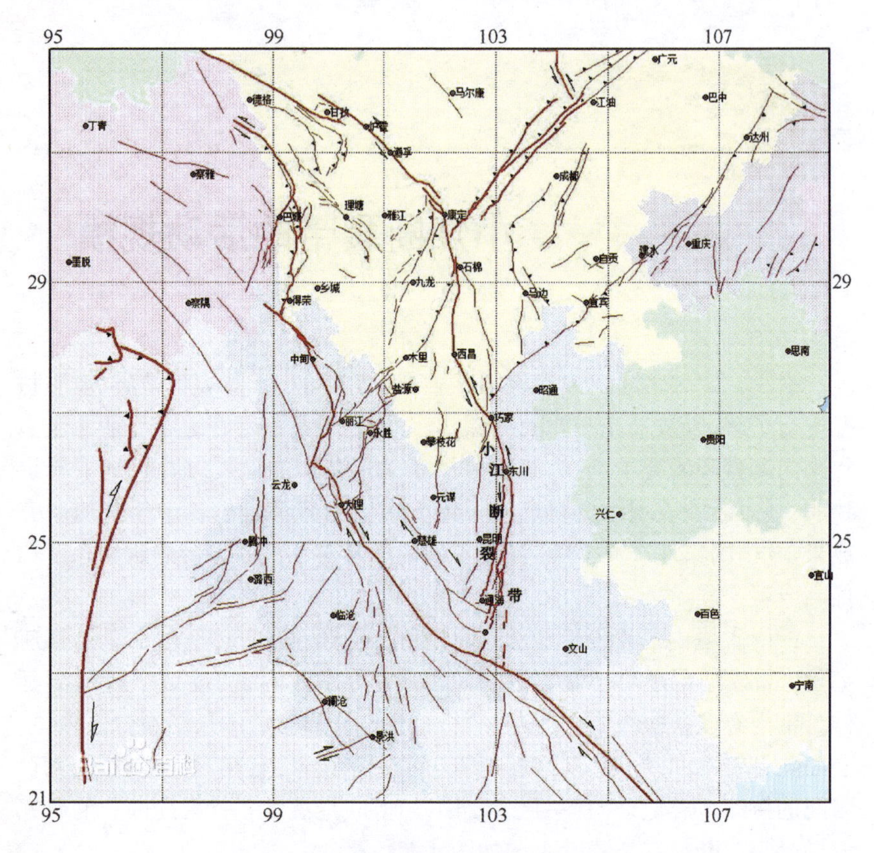

图 4-1　小江断裂带位置及走向图

性,对深入研究具有指导性;这些成果仍然广泛应用于地震预报和震灾防御中。成果汇编成《小江活动断裂带地质图 1∶50 000》(2013 年)及其说明书。由震中扩散区域性的研究,转换成每一条地震断裂带的带内研究。

现将以上内容中针对小江断裂带的一些研究成果汇总为以下内容。本部分内容是从地学的角度来描述活动断裂带:区域构造、断层深部构造背景、断裂系内部的几何结构、第四系演变趋势、新构造及活动断层特征、历史强震记录、古地震遗迹和强震复发期、震源机制及应力场、重磁场、潜在震源区等等,揭示活动断层的活动特征及其与强震的关系,挖掘板块地质构造的活动性。本内容对于一个地表上的一个单体短体工程而言,属于广义知识范畴,对具体工程而言还需要自身所针对的狭义知识来支撑。

拟建功山—东川高速公路约 50 km 长路线位于小江断裂东支的北段内。其断裂带具有演变过程中的特质,也表现出断裂带断口的基本特征,对其研究的过程也是对活动断裂带的深刻认识。

4.1 小江断裂带在各大板块断裂带中的地位

随着地震、火山、海底钻探、海底古地磁、其他星球地质构造等各项地球物理探测研究的开展和大量资料的积累,在 20 世纪 60 年代形成了“全球板块构造学说”,其将全球表层划分为以下一系列板块:

非洲板块(AF)、南极洲板块(AN)、阿拉伯板块(AR)、澳大利亚板块(AU)、加勒比板块(CA)、科科斯板块(CO)、欧亚板块(EU)、印度板块(IN)、胡安德福加板块(JF)、北美板块(NA)、纳兹卡板块(NZ)、太平洋板块(PA)、非礼宾板块(PH)、南美板块(SA)一共 14 个一级板块。小江断裂带位于印度板块(IN)中。每个板块是由相对刚性的岩石圈组成,以洋中脊、海沟或转换断层等为界,并且所有的地震活动均发生在板块的边界区域,加之现今地震活动带、火山岩带和构造运动,组成了地球上构造运动最为强烈的地带。

现今地震活动、变形测量和断层滑动等资料表明,板块内部可进一步划分出不同级别的块体,块体内部的变形相对较小,显示出较强的刚性特性,板内变形集中在各板块边界的活动构造及其附近地段,这些活动变形约占全球表面积的 15%(Gordon and Stein, 1992)。

板块构造提供了岩石圈应变积累的动力框架,其中的一部分是通过板块边缘和板块内部破裂带中地震活动释放出来,其他则表现为火山作用和无震构造运动等地质现象。基于板块构造理论,地壳的现今构造运动可划分为板块边缘构造运动和板内构造运动两大基本类型。板缘构造运动是现今岩石圈变形最强烈的构造运动,造就了大陆和海洋等一级地貌单元；板内构造运动相对较弱，塑造了次一级形态各异的地貌单元，如高耸的山峰、低洼的湖盆、宽阔的平原等，板内构造运动伴随的地震、火山和海岸的升降等自然灾害，亦与人类活动休戚相关。

小江断裂带属于一级板块内部的次级构造带，属于板块内构造运动的物质载体。是亚洲大陆内部一条极为活跃的断裂带，直至现在仍具有强大的活动性，伴随着频繁且强烈的地震，近几百年内该区域承受着地震频发、地震衍生灾害频发的地质改造运动，另在地形上显示出极其醒目的线性形象，早在一百多年前就一直引起世界地学界的瞩目，被视为全球近代最活跃的断裂之一，是世界上著名的强震带、活动带、应力显现带。

4.2 小江断裂带构造轮廓

小江断裂带属于印度板块内部青藏亚板块与扬子板块之间的接触带，是青藏亚板块东侧边缘的南北构造带——鲜水河断裂、安宁河断裂、则木河断裂、小江断裂四个连续断裂组中的一个，其中小江断裂位于最南端，且是该组断裂中生成最为古老的断裂。同时，它又是青藏高原东缘由鲜水河至小江活动断裂带与红河活动断裂带所夹持的“川滇菱形块体”中的一部分，整个块体向南南东方向滑移，如图 4-2 所示。

小江断裂又是新构造时期以来最为活跃的活动断裂带，活动程度在西南乃至亚洲大陆上显得非常突出，断裂发展以来产生过断块垂直异运动和沿断裂的走向滑动运动，造成了青藏高原东南边缘高山深谷的构造地貌，诱发了十分频繁的地震活动和多种类型的地质灾害。

小江断裂带，北由四川昭觉、宁南延入云南，经巧家、蒙姑沿小江河谷延伸，在东川附近分成两支。西支经乌龙、沧溪、车湖、嵩明达阳宗海，向南则形成若干条分支断裂。东支经东川、寻甸、小新街至宜良县禄丰村后顺南盘江而下，经盘溪、开远、个旧向南终止在红河断裂带上。其总体走向 SN 向，倾向 E，倾角陡直，垂直切入地下约 10 km，深达岩石圈，属于深大断裂带，为左旋走滑性断裂，小江断裂带在云南境内延伸长达 400 km 以上，其内部分为北、中、南三段，由东、西两支所夹持的断裂带宽达 10~

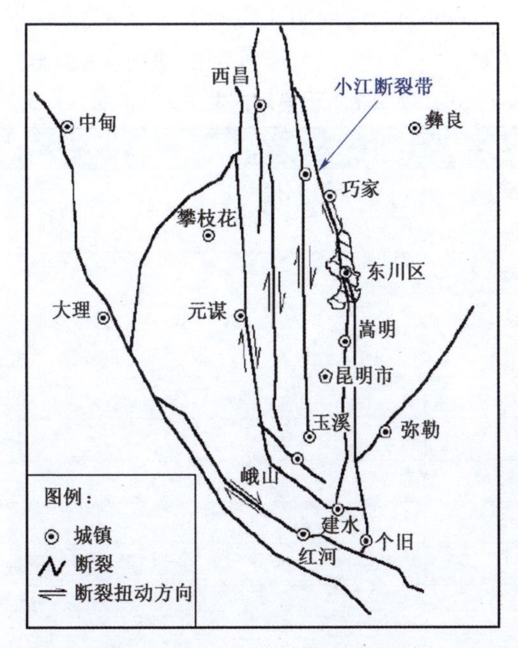

图 4-2　小江活动断裂带与红河活动断裂带所夹持的川滇菱形块体

20 km，主要由嵩明—沧溪大断层、寻甸—功山大断层及其旁侧的同向褶曲、断裂和新生代盆地所组成，并有少量东西向的次级张性断裂与其垂直或斜向展布。上述两条大断层是本区径向构造体系的主干构造，它们的北段，大致沿小江的支流块河（西支）和大白河（东支）延伸。

功山至东川公路研究的路线位于东支断裂带上的北段，该支断裂为单条断裂，工程所在的断层属于小江断裂带中的蒙姑—东川、东川—田坝、功山—寻甸盆地西缘三个纵向次级断层内。本工程路线所在断层均为小江断裂的纵向次级断层。

4.3　小江断裂带的历史发震情况

小江断裂带曾经记录了 10 多次大于等于 6 级的破坏性强震，最大的一次是发生在1833年的云南嵩明8级地震。公元1500年以来仅在小江断裂的云南段上就发生10多次大于6级的地震,见表4-1。

表4-1　小江断裂带上云南段内发生大于6级地震统计表

时　　间	震　　级	震中地点(云南段内)
2014.08.03	6.5(6.1,USGS)	鲁甸
2010.04.14	6.9	玉树(青海段内)
1996.06.25	6.5	东川
1974.05.11	7.1	大关
1970.01.04	7.7	华宁
1966.02.05	6.5	东川
1909.05.11	6.5	华宁
1887.12.16	7.0	石屏
1833.09.06	8.0	嵩明
1799.08.27	7.0	石屏宝秀
1789.06.07	7.0	华宁西北
1763.12.30	6.5	江川
1733.08.02	7.75	东川
1725.01.08	6.75	万寿山
1713.02.26	6.75	寻甸
1588.06.18	7.75	曲江
1571.09.09	6.3	通海
1500.01.04	7.5	宜良

1500年以前小江断裂上也曾发生过许多次大地震,例如,1377年(明洪武十年)江川地震,明星弯子沟一个村在地震中陷落入湖中(云南省江川县志)。历史上俞元古城可能在北魏至唐代之间一次大地震中沉入抚仙湖。

该区域历史最早的地震记录是1500年1月4日的宜良地震。自此以后至2015年底,发生$M \geqslant 4.7$地震超过70次,其中$M \geqslant 6$地震18次,M

≥7 地震 7 次，$M\geq8$ 地震 1 次。70 次 $M\geq4.7$ 地震中的 36 次、18 次 $M\geq6$ 的地震中的 10 次都位于小江断裂带上，而 7 次 $M\geq7$ 的地震全部位于小江断裂带上，反映了小江断裂带是控制历史至今强震发生的重要断裂带。具体记录见表 4-2、图 4-3。

表 4-2 小江断裂带内历史地震记录简表

震中位置	时间(y/m/d)	东经(°)	北纬(°)	震级	烈度
寻甸	1713.02.02	103.2	25.6	6.7	9
东川紫牛坡	1733.08.02	103.1	26.6	7.5	10
会泽—巧家	1911.10.18	103.1	26.5	5.5	7
东川、会泽	1928.05.01	103.3	26.4	4.7	6^-
巧家	1930.05.15	102.9	26.6	5.75	7
蒙姑	1934.05.03	103.1	26.6	5.2	7
会泽—巧家	1936.08.17	103.1	26.6	5.5	7
东川	1966.02.06	103.2	26.3	4.9	6
东川	1966.02.13	103.1	26.1	6.2	8
东川	1966.02.18	103.2	26.1	5	
东川以北	1967.04.24	103.2	26.2	4	
华宁	1970.01.04			7.7	
大关	1974.05.11			7.1	
东川西北	1976.09.14	103.0	26.4	4.1	
东川	1977.06.10	103.2	26.1	4	
蒙姑	1985.03.18	103.0	26.6	4.8	6
蒙姑	1985.04.18	102.8	25.9	6.3	8^+
东川、会泽	1985.11.01	103.1	25.9	4.7	6^-
东川、会泽	1986.04.13	102.9	26.5	4.7	6^-
东川、会泽	1988.04.15	102.9	26.4	5.4	7
寻甸	1713.02.02	103.2	25.6	6.7	9
东川	1996.06.25	103.2	26.2	6.5	9
鲁甸	2003.11.15(26)			5.0(5.0)	

续上表

震中位置	时间(y/m/d)	东经(°)	北纬(°)	震级	烈度
青海玉树	2010.04.14	96.629	33.271	6.9	
彝良	2012.09.07			5.7, 5.6	
鲁甸	2014.08.03	103.427	27.245	6.5 (6.1,USGS)	

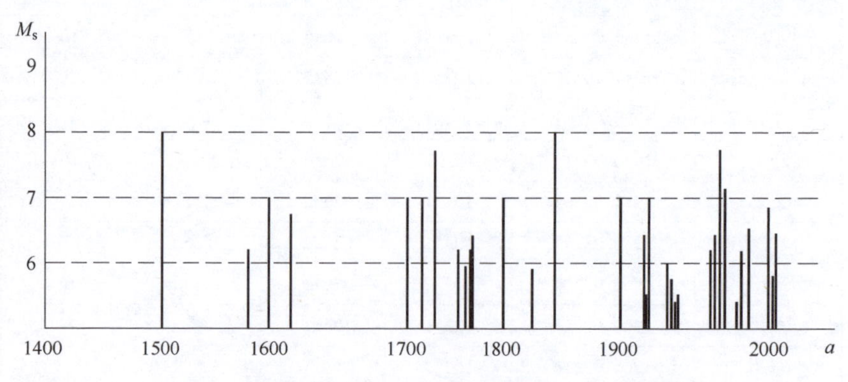

图 4-3　小江断裂带 1400~2012 年 M-T(M>5)分布图

两个时段 1713~1750 年和 1911~2015 年地震呈丛集型发生;有多个时间段无地震发生,间隔最长的是 1750~1833 年,82 年间无 4.7 级以上的地震发生,其次是 1644~1696 年,51 年间无 4.7 级以上的地震发生。发震时段呈现不均匀性,近百年内地震发生频率明显增高,为活跃期。

沿小江断裂带本身地震震中分布也不均匀,有的地点先后发生多次地震,有些断层段落则无地震,呈现空间的不均匀性。东支断裂东川—功山段自有记录以来没有发生过地震,本公路工程恰巧位于此段落内。

在总结历史强震地表破裂特征的基础上,归纳出了小江断裂带上 6~6.9 级和 M≥7 级强震的发震构造条件或特殊构造部位。

一旦爆发 7 级以上的强震将给地表造成四分五裂的断裂现象,就是 6 级以上的也会如此,每个地震都发生在本断裂带内,只是向原有的断裂带纵向延伸,不会干扰到相邻平行断裂带,如果有也是很小的影响。

震中的迁移性表现出断裂带内部闭锁段的被克服掉和新的生成。不论是在地点意义上还是时间意义上，连续3次或3次以上强震震中发生在一条时空直线上的可能性几乎为零。强震震中在每完成一次迁移后都将改变其原来迁移运动的方向速率，出现“扭头”或“掉头”的迁移特征。

4.4　小江断裂带活动的时空迁移

小江活动断裂带的中间主体段落齐整地被呈北东或北北东向展布的燕山期褶皱与逆冲断裂切过，反映目前的小江断裂带形成的时间。

小江断裂带早更新世末、中更新世初以来的运动性质是以左旋走滑为主，某些段落还兼有明显的垂直差异运动。在走滑活动为主的情况下，断层线的纵向发展做到了截弯取直，冲破原来横断裂的阻隔，打通障碍体，形成新生的第四纪断裂带。

从第四纪早期至晚期，断裂活动同时在纵向、横向发生迁移。活动强度与活动重心有此消彼长的变迁。但仍以西盘向南滑动为主动力，南北走向的主断裂带带动横向断裂带张拉或挤压，主断裂带的运动反映到了次级断裂带内的横向迁移。

与断裂活动的纵向迁移相比，横向迁移现象更为普遍、多见。迁移的类型与方式也各不相同。两条平行组有从一条迁移到另一条的，也有从两条同时活动至后期集中于一条活动的。前者如寻甸盆地东南缘断裂向盆地外侧迁移；后者如清水海东缘—上游水库断裂北段大碑当断裂谷地断裂组在第四纪晚期集中于东侧断裂活动。

左旋走滑一方面使大量地质体、水系、山脊、洪积扇等产生幅度不等的水平位移，另一方面沿断裂通过的位置还形成清晰的断裂谷地和槽地，在次级断裂的阶区部位形成拉分盆地和推挤构造。垂直差异运动沿断裂形成断层崖、断层三角面和断层陡坎，它们主要分布在盆地边缘。

4.5 断裂带晚第四纪位移幅度与滑动速率

(1)左旋水平位移

目前东支断裂上较确切的最大位移为 3.6 km,西支断裂上较确切的最大位移为 7 km,不同时期小江断裂带的位移量及走滑速率见表 4-3。

表 4-3 小江断裂带晚第四纪位移幅度与滑动速率表

年代	距今地质年龄	位置	至今为止的位移量	左旋走滑速率(mm/a)
早更新世末、中更新世初以来	70 万~80 万年	东支	3.6 km	4.5~5.1
		西支	7 km	8.75~10
中更新世晚期以来	15 万~20 万年	东支	1 000~1 250 m	5.5~10.3
		西支		5~8.3
晚更新世早期以来	10 万~8 万年	东支	500~1 000 m	5~9.8
		西支		5.9~9.4
晚更新世中晚期以来	3 万~5 万年	东支	200~500 m	5.4~11.9
		西支		6.4~11.4
晚更新世末、全新世初以来	10 000~15 000 年	东支	50~120 m	3.7~8.4
		西支		4.7~8
全新世中、晚期以来	4 000~8 000 年	东支	20~50 m	2.9~7.8
		西支		3.1~9.5

(2)地震位移量

作为一条以左旋走滑为主的断裂带,同震位移主要表现为地质体、冲沟、山脊及洪积扇等左旋位移。但在各次级剪切断层的端部,会有明显的垂直差异运动。大多数同震位移与早期的位移还是混在了一起,难以确定它的位移量,只有那些形成很新的小冲沟、小洪积扇等所产生的位移才能被确认为地震位移。

经调查,1833 年嵩明 8 级地震左旋一次位移量 3.3~10.4 m,平均

6.9 m,垂直位移量为1~3 m。1733年东川7.8级地震的左旋一次位移量平均为6 m左右,垂直位移量1~2 m;1713年寻甸6.8级地震的左旋一次位移量为1.2~5 m,平均2.95 m,垂直位移量1~2 m;1500年宜良7级地震的左旋一次位移量为3~9.2 m,平均6.8 m,垂直位移量1~3 m。

表4-3中的平均位移量更多的是地震造成的,蠕变量相对较少。

(3)垂直位移量

小江断裂带上水平位移速率明显高于垂直位移速率,在量级上前者是后者的5~10倍,目前求得的全新世以来垂直位移速率各边缘在0.43~1.6 mm/a之间;其次各次级剪切断层的水平位移由中间向两端衰减,而垂直位移则由两端向中间衰减。现今水平位移量速率为10 mm/s。

根据黄昆和李玶等学者的统计,小江断裂带北段的垂直形变是最大的,在羊街—汤丹间出现的上升形变区长达150 km以上,以羊街至马街段的上升形变为最大,年上升率为5 mm/a,反映了小江断裂带西侧块体相对东侧块体的抬升活动和东、西两支断裂带间所夹条块相对两侧的下沉趋势。

1965年东川Ms6.5地震后震中区的垂直形变严格受小江断裂带的控制,与新村盆地大体一致,下沉形变中心即在盆地断陷最大的小龙潭、乱草街一带,下沉变形量为120 mm以上(国家地震局测量队,1974)。上升形变最大的地方集中在极震区发震断层的西盘(主动盘),也正是盆地北端掀斜抬升活动最强的地段,上升形变显示了在极震区发震断层西侧相对东侧的抬升性(朱成男等,1978)。

断层两侧块体升降存在着差异形变活动,存在着抬升、沉陷不同步的现象,导致跨越断层带的水准测线高差变化总要呈现出强弱不等的转折梯度带。

总之,鲜水河—小江断裂带的垂直形变既反映了断裂带内部升降差异活动的不均匀性,也反映了断裂带本身和断块间的垂直活动。那些断陷盆地、断裂槽谷地带在新构造活动中,表现为强烈的下降地带,多以下沉为主;反之,在一些新构造活动中表现为隆起的处所,则往往是上升形变区,显示了区域垂直形变活动的继承性。由于地震形变要受到释放

“松弛”机理的制约,所以在极震区造成较大的下沉形变。

小江断裂带位移值的组成集中分布且呈倍数增长现象揭示了断裂走滑运动的丛集性、多期性与黏滑特点。空间上,走滑运动呈现西支断裂南强北弱、东支断裂北强南弱的差异性。小江断裂带及其附近的垂直运动表现为小江断裂带西盘不均匀掀斜翘倾运动、小江断裂带内部次级块体的局部隆起与旋转运动、区域性高原抬升运动及沿走滑断裂的差异性升降运动。小江断裂带本身的垂直差异运动大约只占同期走滑运动量的1/5~1/10。将断裂带上的垂直与水平运动和各个断块多种多样的运动结合在一起,就勾画出了小江断裂带地区一幅地壳运动学图像。

4.6 历史地震地表破裂带

小江断裂带上每次强震后地表破裂带破裂的形式基本相似,规模和数量略有差别。主要的破裂形式有:地震沟槽、地震陡坎、地震断层、地震鼓包和裂缝、水系、山脊和地质体的左旋位移、断塞塘(坑)、地震滑坡和崩塌等。

列举近500年内4次历史强震在地表产生破裂带的形式和规模,来说明未来一段时期内,地震破裂带的表现规律。

4.6.1 破裂带的表现形式及其规模

1500年宜良7级地震地表破裂带位于小江东支断裂,北起小新街,南至徐家渡,全长80 km以上。根据地表破裂规模,认为该次地震震级不止7级,而是接近8级。

1713年寻甸6.8级地震地表破裂带位于小江东支断裂,北起功山以北的小龙潭,南至寻甸县城以北,全长22 km。

1733年东川7.8级地震地表破裂带位于小江断裂东支北段,北起蒙姑,南至东川东南田坝,沿蒙姑—东川次级剪切断层和东川—田坝次级剪切断层分布,全长82 km,主要破裂类型有地震沟槽、地震陡坎、地震断层、地裂缝、地震崩塌和滑坡等。地震沟槽出现在田坝、磨碑等地,它们大多与早期形成的断裂槽地融为一体,在地貌上显示出很新的活动特性,边缘陡坎倾角陡。

1833 年嵩明 8 级地震地表破裂位于小江西支断裂,北起苍溪,南至阳宗海以南大松棵,全长 126 km。

小江断裂带功山至东川段内地震地表破裂带和破裂点(段)的表现形式:地震沟槽、地震陡坎、地震断层、地震裂缝、小水系左旋位移等,其中以地震沟槽最为突出、连续。

4.6.2 地表破裂带的破裂特性

上述 4 次地震的地表破裂分别位于不同的断裂带上,但它们的活动性质相同,都是左旋走滑为主,所以历史强震破裂带的破裂特征相似。

(1)4 次强震破裂带分别位于各自的发震断裂段上。当地震震级较小时,地震破裂仅出现在发震破裂的中间部位,没有将整条次级剪切断裂贯通。例如 1713 年寻甸 6.8 级地震的发震断裂是功山—寻甸次级剪切断裂,该地震破裂仅位于次级断裂段的中间段落。而当地震震级较大时,除在整条发震断裂形成地表破裂外,与发震断裂临近的次级断裂段也产生地表破裂。例如 1833 年嵩明地震的发震断裂是杨林—前所断裂,地震破裂除沿断裂形成外,还在与它相邻的其他 4 条次级剪切断裂上产生了破裂。

(2)地震破裂以地震沟槽破裂为主,这与沿断裂十分发育的断裂槽地十分相似。总体上地震沟槽基本上连续,局部受断裂细部结构的变化使沟槽呈羽列或雁列式展布。

(3)当其他方向的断裂与地表破裂所在断裂相交时,在靠近相交切的部位,这些断裂也会产生地表破裂,它们和主要的地表破裂在平面上构成“Y”形或“入”字形。

(4)就一条次级剪切断裂而言,地表破裂规模呈波浪式起伏,但总体上是中间规模大,两端规模小。当断裂发展到一定阶段时,两条次级断裂的阶区拉分盆地内部会发育盆地内部张剪切断裂,沟通了盆地边缘两条次级剪切断裂,如嵩明大地震的地表破裂带中即出现这种构造。

4.6.3 地表破裂带的力学成因机制

由上述的地表破裂表现形式可见,它们都是在小江断裂带左旋黏滑的力学环境下形成的。尽管在次级剪切断裂的端部地震破裂也有明显的垂直运动分量,但这种垂直运动是在整体走滑过程中次级剪切断裂尾部端拉张造成的。

从区域上看,小江断裂带与则木河、安宁河、鲜水河断裂带一起构成青藏高原内部到东南边缘的重要断裂带,又是川滇菱形块体向东南滑移,它使东北和东边界包括小江断裂带在内的一系列断裂呈强烈左旋走滑运动。地表破裂就是在这种力学环境下由断裂的最新黏滑而形成。

形成地表破裂带的历史强震分别位于小江断裂带不同的次级断层段上,由于小江断裂带各次级断层段的活动性质相同,都是以水平走滑运动为主,所有历史强震破裂带的破裂特征相似。

(1)4 次历史强震破裂带分别位于各自的发震断裂段上。震级较小地震所形成的地表破裂带仅出现在发震断层段的中间部位,它没有将整条发震断层段贯通;震级较大的地震除在发震断层上形成地表破裂带外,还在和它相邻的断层段上形成破裂带。

(2)所有地震破裂带都以地震沟槽破裂为主要破裂形式。

(3)与其他方向的断裂相交时,在交汇点会对相交断层产生地表破裂段。

(4)就一条次级剪切断层而言,所形成的地表破裂带规模呈波浪式起伏,往往中间部位破裂规模大,向两端破裂规模变小。在破裂性质上中间段落是以强烈走滑为特点,向两端走滑分量减弱,而垂直分量增加。

(5)绝大多数不同形式的地表破裂都集中出现在断裂通过的部位,其出露宽度较窄,只有滑坡或崩塌体受地形地貌的影响,可在远离断裂以外的地方出现。

4.7 断裂带核心区内地表特征

小江断裂带是一条形成时间早、活动时间长的断裂带，它由多条次级剪切断层和张剪切断层构成。在地表有多种表现形式，其中最主要的是：①有宽几十米至几百米的断层岩带；②切割不同时代地层和岩浆岩；③由于近期断裂活动是以左旋走滑为主，使水系、山脊、地质体等左旋位移明显；④断层地貌清楚，有不同规模谷地、槽地、陡崖、陡坎等；⑤对上新世尤其对中更新世以来发育的盆地有明显的控制作用；⑥洪积扇、泥流扇、滑坡、泥石流等是本区域主要的地质灾害；⑦东侧阶地缺失，西侧阶地发育；⑧地质剖面上，不同时期、不同强度的地震切割地层断裂深度有别，或同一断层切割不同层位时其断距不同。

断裂带上盆地的演化及其主要特点：东川盆地上新世～早更新世开始发育，并一直持续到全新世，属继承性盆地。东川盆地在地貌上有清楚的显示，盆地面相对周围基岩山地明显要低。盆地东缘相对高差 200 m 左右，盆地西缘可达 300 m 左右。由于盆地属于半地堑断陷盆地，因此，盆地面也由东向西倾斜，同样盆地基地也由东向西倾斜。盆地堆积类型为湖积、冲积和洪积，其岩性自下而上为：卵砺石、碎块石、含砾砂黏土互层；钙质砾石层，棕红色砂质黏土层；浅褐色含姜结石黏质砂土。

晚更新世以来形成多个拉分盆地。除左旋位移外，在各次级剪切断层的端部位置，其垂直位移十分明显。

与本研究工程有关的小江断裂带主要次级断裂、支系断裂或横向沟壑大致归纳见表 4-4。

表 4-4 东川至功山段主要次级断裂构造表

断层编号	名称	性质	走向	倾向(°)	倾角(°)	线路关系	破碎带宽度(m)	破碎带特征
I_2	寻甸功山大断层	延伸	近南北	90～190	40～70	沿大白河小江两侧，与线路平行	200～800	由构造角砾岩夹断层泥，角砾较松散

续上表

断层编号	名称	性质	走向	倾向（°）	倾角（°）	线路关系	破碎带宽度(m)	破碎带特征
Ⅱ$_3$	拖落断层	压扭	北东~南西	南东				构造角砾岩
Ⅱ$_4$	鲁纳窝断层	压扭斜冲	北东~南西				250	破碎带、角砾岩
Ⅱ$_5$	麦地阱断层	张扭	北东~南西	北西			80	构造角砾岩
Ⅱ$_5$	小江断裂	压扭	近南北					
Ⅱ$_{11}$	头发村断层	压扭	北东~南西					构造角砾岩
Ⅱ$_{12}$	大阱断层	压扭	北东~南西					构造角砾岩
Ⅱ$_{14}$	红水塘断层	压扭	北东~南西	北西	40~50			破碎带、角砾岩
Ⅱ$_{15}$	白泥阱断层	压扭	北东~南西	北西	60			破碎带、角砾岩
Ⅳ$_{35}$	团箐断层	压	北东~南西	320	70~80			破碎带、糜棱岩
Ⅳ$_{38}$	水槽清断层	压扭	北东~南西		50~75			破碎带、角砾岩

4.8 小江断裂带上强震发生的特殊构造

小江断裂带上的Ms6.0以上强震几乎都位于不同的次级剪切断层上，那些产生地表破裂带的强震更是与各自所在的次级剪切断层密切相关，小江断裂带内次级剪切断层是强震发生的最小构造单位。未必所有的次级剪切断层都发生过强震，而是要具备以下两个条件才可能发生强震：一是次级剪切断层本身活动强度特别大；二是有不同方向的断层与活动强度大的次级剪切断层相交汇或汇而不交。不同方向的断层包括拉分盆地内部张剪切断层或其他性质与走向的断层。上述产生地震地表破裂带的4次强震震中,都是处于活动强度大的次级剪切断层与其他方向断层相交汇或汇而不交的位置。

1713年寻甸地震震中位于寻甸盆地西缘—功山次级剪切断层和北北西向断层交汇的部位,该北北西断层在寻甸盆地北出露清楚,往南延伸估计通过盆地内部。很可能是寻甸盆地内部张剪切断层。寻甸盆地西缘—功山次级剪切断层是小江东支断裂另一条活动强度大的断层,断裂地貌显示十分清楚,全新世时期的左旋位移速率达4.4~5.2 mm/a。

1733年东川地震的震中部位是小江东、西支断裂的交汇部位,从地震地表破裂带由蒙姑向东南延伸到田坝这一事实可见,东支断裂北段蒙姑—东川断层段是相连且贯通的,该段也是新活动强烈的断层段。西支断裂北段地貌上显示也很清楚。在这两支断裂的交汇部位也存在断层闭锁点,1733年地震即在这个闭锁点上产生。

破裂段的离逝时间:根据各次级地震发生的时间,各破裂段的离逝时间截至1995年,1733年东川地震地表破裂段为262年,破裂段上还没有最大一级地震的重复,即再没有$M \geqslant 7.8$的地震发生。但是会存在发生较小地震的情况,如东川地区1966年曾发生6.2和6.5级地震,这已不属于强震重复发生的范围。

4.9 区域构造应力场与活动断裂形成机制

4.9.1 小江断裂带现今地壳形变及断裂活动特性

1966年东川地震前后,会泽—嵩明二等三角网进行过两期测量;1970年通海地震前后,昆明—蒙自三角网完成了两期实测,分析结果显示:东川一带总体表现为拉张状态,并略具左旋;功山以南的寻甸、羊街、嵩明一带呈现一个明显的压缩中心,而小江断裂带的左旋活动不明显。再向南,华宁、江川一带也存在一个压缩区,而其南侧至蒙自间有一个拉张区。总之,小江断裂带近年的地壳水平变形表现为自北向南挤压和拉张区同时出现的特点。

20 世纪 60 年代以来,小江断裂带的一等水准测量环线已完成了四期施测,对测得的数据分析表明,在嵩明、寻甸、羊街一带存在一个现今仍存在活动的隆起区,而东川一带存在明显的下沉区。与水平形变相对照,反映东川盆地附近呈张拉下沉状态,嵩明、寻甸一带存在一个挤压隆起区。沿小江断裂带,在清水海、嵩明小新街和宜良汤池布设了跨断裂的短水准及短基线测量网,结果表明,8 年复测期间断裂垂直差异运动几乎接近于零,而断裂走滑运动也很微弱,断裂运动性质仍然以左旋位移为主,但运动量仅达 0.1 mm/a 量级,大约是全新世长期平均滑动速率的十几分之一。这一点正好说明了小江断裂带是一条以黏滑活动为主的断裂。

从小江断裂带扩大视域来关注整个滇中与滇东地区的地壳形变,可以从 1950~1991 年大面积一等与二等大地水准网复测资料来分析。根据区域地壳垂直运动速率等值线图和速率梯度等值线图可见,小江断裂带及其周围地区地壳垂直运动具有以下特点:

(1)从北至南,有隆起与拗陷相同排列的形式,如西昌以北上升,西昌附近下降,昆明—嵩明一带上升,昆明以南又下沉,靠近国境线复又上升。

(2)由西向东,大致以小江断裂带为界,西侧地壳升降变化图案较多变,以东侧平缓简单,反映川滇菱形块体内部地壳变动比滇东强烈。

4.9.2 大致震源机制与地壳应力场

川滇地区地震震源机制与地壳应力场的研究,得到以下主要认识:

(1)主压应力轴的仰角均较低,十几度左右居多,表明水平应力场占主导,区域内断裂以走滑运动性质为主。

(2)川滇菱形块体内的主压应力轴总体上呈北西~南东向分布,优势方位为 330°左右,显示了川滇菱形块体向南东方向的运动趋势。

(3)除了区域的北北西向挤压应力场以外,主要活动边界上的地震还显示一组近东西向或北东走向的挤压应力场,如 1977 年 1 月冕宁 5.5 级地震,1975 年 1 月巧家 4.8 级地震等,这可能反映缅甸小板块边界上的北东向挤压作用在一定时段内也影响到了川滇菱形块体。

4.9.3 关于区域地壳动力学的讨论

讨论区域地壳动力学,不能不从空间上扩展视野,并将结构和动态、深部与浅部、历史与现今相结合贯穿起来作综合分析。

包括小江断裂带在内的我国西南地区处于青藏高原东南隅,正对着喜马拉雅东端大拐弯,滇西紧邻着印度板块东侧近南北向板块边界,因而呈现出复杂的地壳块体运动图像。

西南地区可以粗分为三大区。红河断裂带以西为滇西区,小江断裂带以东为华南区,两者之间为川滇菱形断块区。滇西区主要受印度板块东界右旋走滑运动和侧向挤压的影响,形成北东东~南西西方向以挤压应力为主的地域,右旋的北西向断裂和左旋的北东向断裂都显示活动。华南区已经较少受到青藏高原的影响,地壳主压应力轴呈北西西~南东东走向,这是青藏高原侧向挤压与太平洋板块聚合带联合作用的结果。川滇菱形块体向南南东的滑动从地质上、大量测量结果、地震活动与震源机制解上都获得了证据。小江断裂带的地质填图与综合研究结果进一步取得了定量化的位移速率数据,同时更加细致地认识到由于断裂带结构的复杂性,存在着北东向断裂交会造成的分段差异性和内部次级块体的旋钮与翘倾运动。

同时,一个值得深入探究的问题是川滇菱形块体的向南挤出运动的空间变异与转换吸收问题。根据目前所得到的认识,无论红河断裂带还是小江断裂带,向南有位移与速度减小的趋势。那么,向南的挤出运动的减弱如何实现呢?大地测量结构显示,小江断裂带上和川滇菱形块体内部均存在着北向南挤压隆起与张拉拗陷相同排列的现象,这似乎表明菱形块体并非铁板一块,而是发生着内部大波长的褶曲变形;同时高原面由西北向南东的逐渐降低也反映了整个岩石圈深度范围内的变形向东南减弱;最后,川滇菱形块体及其内部次级块体发生着顺时针方向的旋转运动,这在一些古地磁研究中已有论证。因此,内部变形、深度变形与旋转变形可能是川滇菱形块体侧向挤出活动向南减弱的几种转换形式。

图4-4、图4-5反映了小江断裂带北段的水平形变活动概况。可以看

出东川以北由于有新的地震断层面的存在，位移矢量清晰显示了断层两侧反时针方向的扭动，位错量最大 0.5 m（国家地震局测量队，1974）。而东川以南则呈现一指向寻甸为中心的矢量群，反映了这一地区压缩性的应变型活动。近两年在寻甸进行的短基线测量也表明断层的水平位错活动基本无变化，说明这类断层的水平形变活动不以断层面的错动方式来表现。

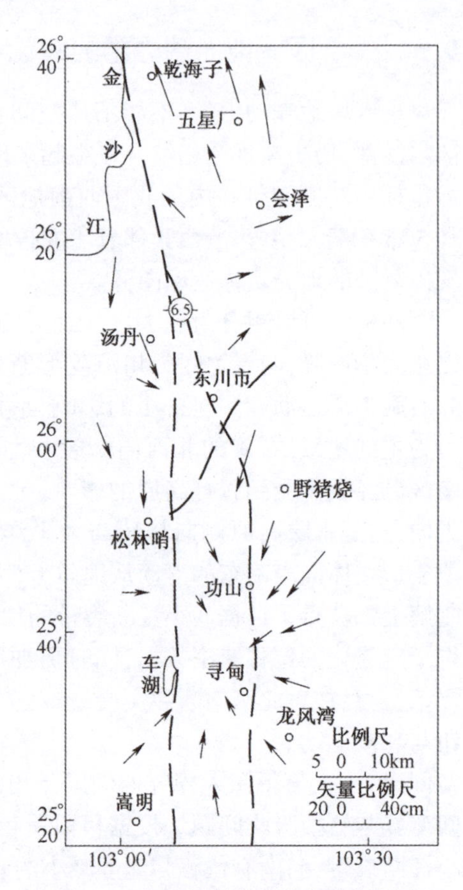

图 4-4　小江断裂带北段水平变形图（1956~1967 年）

小江断裂带在滑移过程中，断口内的主应力主向平行于滑动面分布，左右两盘主应力方向相反；在不同段落主应力又呈现出不同的大小，弯曲段以挤压为主，且最高值分布在弯曲点（段）上；主应力方向会在不同段落发生转变，并且以其段内的次级断裂带间隔转换，一段表现为正向主应力，紧随一段反向主应力，转换点地表表现为非贯通性断裂；顺直段落呈反方向挤压。如图 4-6 所示。

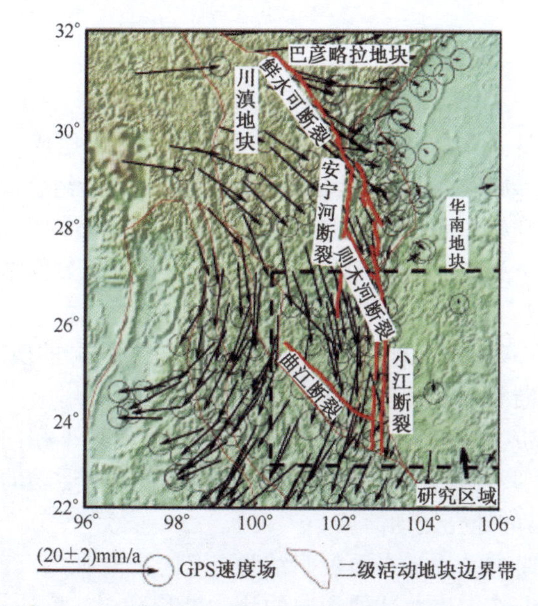

图 4-5 小江断裂带构造图及 GPS 速度场(2004~2007)

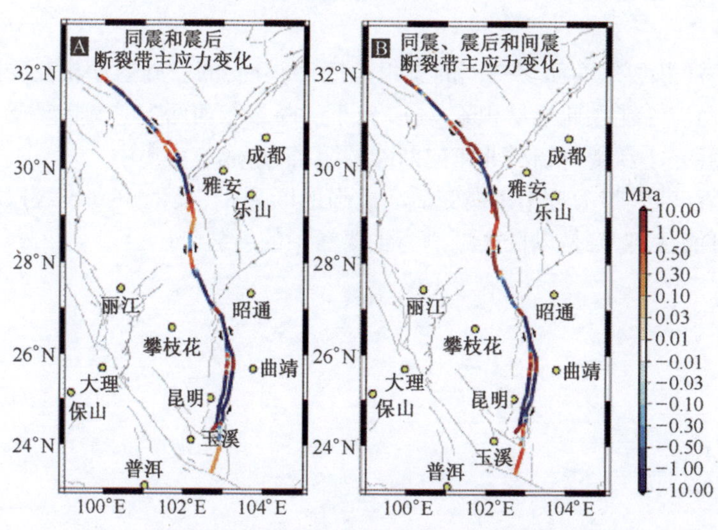

图 4-6 小江断裂带走向及主应力表现图

4.10 小　　结

小江断裂带由非常有规律的、又十分复杂的结构组成。小江东支和西支断裂是由多序次的次级剪切断裂及阶区拉分构造组合而成。若干拉分盆地内已经开始发育内部剪切断裂，断裂的横向结构也有多种类型。随着第四纪从早到晚，断裂带无论在纵向上还是横向上均作一定方向的迁移演变，断裂在演化中体现了继承性和新生性的并存。

东、西两支断裂之间的若干北东向断裂是程度不同的横向活动断裂，其承受着小江断裂带中段强烈左旋造成的挤压剪切。

小江断裂带上发育了20多个规模与发育历史各不相同的盆地。盆地实质上是断裂带结构中的重要组成部分，是作负向运动的地壳块体单元，记录了丰富的地壳运动信息。

小江断裂带的结构基本面貌归纳为：以小江东、西两支断裂为主干，包括其两侧的北东向以及其他走向的活动断裂和由它们所围限的楔形、透镜体、长条形活动块体与活动盆地所联合组成的长条形复杂网状断裂带。

小江断裂东西两支交汇的东川地区，两分支的左旋运动相互受到阻挡，从而应变能在此容易积累。往南，小江断裂东西两支左旋运动受到寻甸—嵩明、小新街—杨林北东向断裂的阻挡，造成应力集中。

小江断裂带为近年来蠕变活动极强的断裂带，发生Ms6.5级以上的强震可能性不大，是以低震蠕滑为主要活动的断裂带。

5

小江断裂带功山至东川段断口内的力学特点

地球自转引起板块的断裂首先是由张拉断裂开始的,其次为走滑断裂,整体运动中伴随着产生次级断裂或褶皱。断裂分为挤压型、张拉型、混合型,挤压型断裂是在走滑断裂形成过程中被动形成的。这是因为对板块的张拉所需的应力要小于剪应力和正压力,地球上的陆地板块更容易呈现出旋转运动。走滑断层的震源深度是最深的,其是大板块之间的错动,而正负断层震源浅,克服阻碍的能力低,具有一定的方向性和针对性,正负断层只是为了克服局部的阻碍。正负断层多出现在横向次级断层上。

一般情况下,内陆型走滑断裂的走滑距离长,走滑断裂长度在几百公里以上,并形成多条连续的主断裂,周边次生出与之斜交或正交的正、负断层或褶皱,长度相对较短,但稳定性优于走滑主断裂,横向次级断裂又将主断裂带切断,造成主断裂带的非连续性。主断层带具有一定规模的不连续几何结构、拐折弯曲、横向构造等,是主断裂带内部障碍体或横向次级断裂带起到的划分作用,并可有效地终止地震破裂的扩展,或能有效地疏解地震力,主断裂带内的纵向次级断裂带和横向次级断裂带越多,自身对地震力的消减越充分。

次级横向断裂的张拉、挤压随着主走滑断裂的牵动,张、压性有互换的性质。每一条走滑断裂带与其横向次级断层组成了一个完整的断裂带体系,整体、统一地研究可观其全貌。本文在研究小江断裂带时,对其周边相连的横向次级断层一并考虑,一则是次级断层也反映了主断裂带的活动状况，二则是沿主断裂带长距离布置线路，势必要与横向次级断层相交，次级断层也是制约工程的因素，三则是次级横向断裂带是整个断裂带树状结构的一部分。

活动断裂带的三大表现形式：发震状况、运动趋势、内力增减，根源为板块或块体之间的相对运动。当运动受阻后，内力在断裂带的某处或多处积聚，对周围山体或地质构造施加作用力，形成局部的高地应力。从工程角度来研究活动断裂带时，活动断裂带的力学状况是有必要的。

小江断裂带是一条正在运动中的古老巨型竖向断裂带，其两盘岩体出露于峡谷之上，断层线或者说断层接触面，其上部的岩体脱落后的岩块、碎石屑将断层线掩埋，形成断裂带浅层沟谷。两盘山体上存在的纵向地裂缝、断裂线均为坡面滑塌体，不是主断裂带或其断层面。人类活动位于沟心高程以上，距被掩埋的断层线有很大的高度，比如东川城区位于断层线以上 600 m，亦有认为在二三千米以上。本工程处在断裂带碎石掩盖体之上，或是断层接触面以上的两盘岩体内，或者直接位于断裂带浅层沟谷覆盖层之上。因此了解活动断裂带对周边环境的力学影响程度，是工程不可或缺的。

小江断裂带断口典型的横断面如图 5-1～图 5-4 所示。

本段断裂带断口内的特点是：

(1) 主断裂带露头较深，在地表以下几百米；

(2) 沟内碎石堆积体较厚，为柔性缓冲层，不直接受两盘山体蠕滑的作用，只受牵连作用；

(3) 断口内两侧山体滑塌、滑坡向沟心回补碎石体，山体上的断层、滑塌多为次生小型断层；

(4) 西侧盘体上呈连续的滑塌体和临空面，呈两台阶状，东侧盘体坡面较陡，东川盆地则相反。

工程在西侧布线，接触较多的会是已经滑塌下来的滑坡体，滑坡体的稳定性成为布线的重要考虑因素。

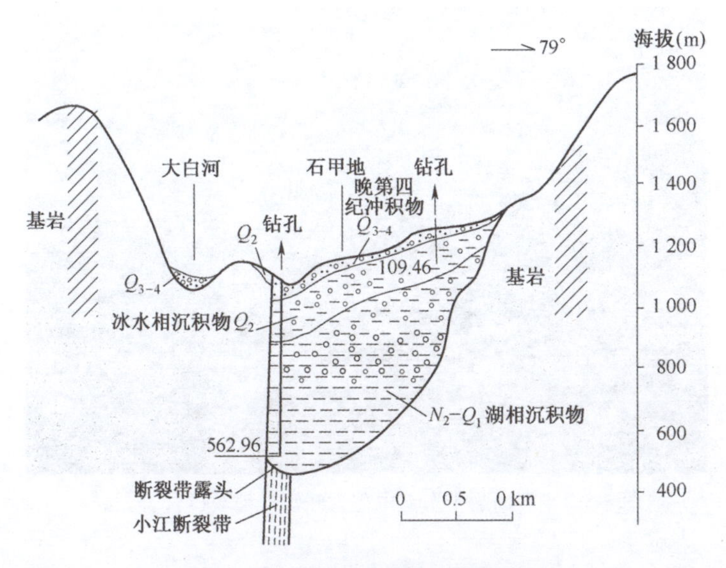

图 5-1 东川半地堑断陷盆地横断面图

（云南省地质局水文地质工程地质队，1978 年）

图 5-2 东川市东侧山体

图 5-3　小江断裂带东支中部大旺镇处地貌(视向向北)

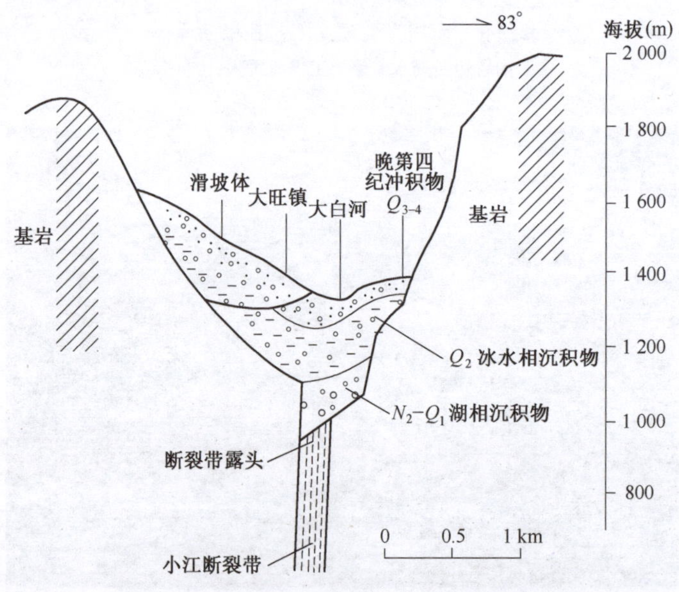

图 5-4　小江断裂带东支中部大旺镇处横断面图

工程沿着断裂带设置所要承受的周边地应力，根源来自断裂带接触面中的应力，该应力决定了接触面左右两盘岩体内的地应力状况和横向次级断层内的力学性质。人类活动以及人类工程对断裂带的接触范围，对地震学而言，均属于地表浅层范围，现在所掌握和估算的断层内应力均属于断裂带上部浅层区域断口内的，与震源深度内的地震力、地应力不同。

断裂带产生的地应力对地表上工程的布设、选址、工程类别有一定的制约作用，对基础、隧道等地下工程稳定性有破坏作用。本交通工程的勘察、勘探任务中对该段主断裂内的接触应力值进行估算和实测，就成为一项重要的任务，断层线出露形式的不同，断层内的围压应力值差异很大，针对地形状况分析，并运用以往地学研究的成果，对闭锁段进行推测，组成了本工程的地应力预估方法。

5.1 断裂带断口内的力学特征

小江断裂带功山至东川段的运动为蠕滑，发生蠕变滑动的断层段距离地表面越近，其影响越为显著。当蠕变断层段出露地表时，断层附近山体内的剪切应力与下部相反，全是负值，这同不出露地表的其他深埋情景差异甚大。垂直断层走向的方向上，距离约为断层宽度的 4 倍时，此种影响便趋向微弱。地表面以上山体内的应力，由于沟谷的存在，山体具有多面的临空面，内部积聚力主要是由下部牵连产生的地应力。

小江断裂带东川至功山段运动的基本特征大致如下：

断裂带两盘可以发现垂直和水平的错动，水平位移量要大于垂直量，配合着次级横向断裂带的运动，整个断裂带呈现出空间上的三维运动。

本段断裂带是以平行运动为主的地震断层，主断裂带的端部不在此范围内，端部垂直运动为主的特征不存在，该段在水平运动方向上很少发生隆起。但横向次级断裂带在水平运动的推动下，远离主断裂带的部位呈现出强烈的垂直隆起。断层面附近以水平运动为主，远离断层面以垂直运动为主，但二者相比，水平运动幅度远大于垂直运动。

该段在地震平静期内的两盘相对位移量相对较小,近几年的估值约为5 mm/a,对于周边地震或本断裂带其他段落内的7级以上地震,一次性位移量约为2~3 m。

该断裂带的运动归属于青藏板块东南角的挤压左旋运动体中的一部分,整体运动方向趋于向南。

再次发生地震时,本段断裂带内不会产生新的断裂带,地震波在既有断裂带内传播,本段断裂带将承受周边地震的联震作用。

本段沟谷内气温异常,常年高温,比沟外高出5℃~10℃,比相邻断裂带断口内、断裂段内的气温也要高。东川区是云南省高温异常区。与该段断裂段的断层内部运动释放热量有关。

本工程路线布置时,横向摆动不超过1 km,均在断裂带蠕滑和地震动产生的应力范围内,因此该路线中的工程单体设计时需考虑到两种运动方式、两种荷载的承载:长期蠕滑运动产生的地应力荷载,传播过来的地震荷载。工程首先承受着这些内力引发出来的断口内滑坡体、碎石堆积体形成的地表、坡面的开裂、失稳等破坏。

5.2 断层接触面内的应力

断层上的应力状态不仅是断层形成时保留下来的,而且它还随着区域应力场的演变而发生相应的变化。研究断层(尤其是活断层)上的应力,对于认识断层运动的性质、过程特点、运动规模以及地震成因和构造变动的动力学理论等问题有重要的意义。

断层面的摩擦强度存在不均匀性,所以用地震波估计的应力降实际上是整个破裂面的平均值。对于每一次的地震,闭锁面重新组合,应力段、应力降也会随之变化。当这种变化很剧烈时,便发生多重破裂,形成所谓"多重地震"。

对于活动性比较活跃的小江断裂带——小震不断、走滑明显,接触面内的摩擦应力平均值较小,闭锁段和应力集中区域很少,易于克服,走滑相对自由。相反具有强烈活动趋势的其他断裂带,很少出现地震,两盘不见明显的运动,闭锁的越严密,断层内部聚集的越是高应力。

想完全了解活断层上的应力状态及其分布特征,就需要加强各种原地测量工作,还要在断层不同部位和不同深度上的闭锁段附近进行相应的测量。对交通工程而言,勘探出小江断裂带的闭锁段内的应力值是不易的,闭锁段的确定不容易,沟心以下深度过深,有五六百米,钻探不易,断层露头出露段断层内聚应力丧失不少,因此只能根据地形特性的挤压碎变特性,来判断高地应力所在位置和地应力的值。

工程所接触到的断裂带,均为地学概念中的浅层,或出露地表的范围内,从浅层的角度来看,断裂带接触面内的剪应力等各项数值是不均匀的,有些段落属于地应力段,大小仅为 10 MPa 的量级,大多数发生在地壳上部的地段,该段落均是由低剪应力驱动,并具有以下特点:①水平方向主应力均比垂直方向的静岩压应力大;②两个水平主应力之差(即最大剪应力的 2 倍)在断层附近较小,随着离开断层的距离增加而变大;③水平方向主应力离开断层越远,其值越大。由于存在低强度的断层泥或流体(如水)的作用,致使摩擦应力相当低,易于滑动。

高应力段落存在 100 MPa 数量级的摩擦应力,一般位于地表就呈现出规模不等的阻碍体或凸凹体(U 形沟谷)等闭锁结构的段落内,高应力同时对地表山体产生作用。在全长范围内找出高应力段落是件不易的事情,对非隐伏断裂带,可以通过地表岩体、山体表面的反应来判断。

根据以往隧道及地下工程所揭示过的大型断裂带,内部应力在施工释放一段时间后测量达到 30~40 MPa,初始原有应力估计约在 100 MPa 以内。另依据 1977 年以来,一些学者应用错位密度和再结晶大小的方法,先后对近 20 条断层的主断裂带内的应力差进行了估算,其结果见表 5-1。所估计的应力差在 50~200 MPa 之间,大致在一个数量级之内。值得注意的是,这些应力差的数值均比活断层上滑动段的应力值大,而同一般岩石的抗剪强度处于同一数量级。

因此可以估算出,小江断裂带研究范围段落内,闭锁段中断层内部的地应力值在 100 MPa 以内,断层挤压段中也不超过 50 MPa,一般滑动挤压段落不超过 10 MPa。

表 5-1 某些老断层应力差估算结果

地 名	$\sigma_1-\sigma_3$(MPa)
Moines 冲断层(苏格兰)	20~200
澳洲中、东部断层(12 条)	15~150
法国中部断块	50~150
Glarus 逆冲断层(瑞士)	200
Mullen Greek 断层带(美国怀俄明州)	100~200
Arltungs 飞来峰(澳洲中部)	50~200
Woodrffe 冲断层(澳洲中部)	50~200

5.3 断层中段特殊部位的应力集中

在断层或断裂带的特殊部位(例如断层端部、拐弯处、横竖断层交汇处、闭锁段)均可能出现不同程度的应力集中,是在一个断层长度内会发生弱小地震所在地,也是该断裂持续发震的原因之一。这些特殊部位形成多个应力集中点和闭锁联动关联系列点,一次地震来解开多处闭锁点的应力集中,又重新形成新的闭锁、应力集中点。

随着时间的推移,由于介质的结构特征、物理性质和摩擦强度的不同,这些应力集中点或是以地震的方式突然释放所积累的应力,或是通过无震滑动的方式与其他塑性变形的方式缓慢地释放应力,结果造成断层附近大部分地区的应力松弛。

在工程实际操作中,判别断层附近的应力积累问题,大致有三种方法:构造分析法、钻探压力测试法和地表山体碎石演变观察法。

根据浅层沟谷断裂带的平面展布形式、弯曲处、断点段、沟谷交汇处、滑动位移量、地质构造、地表山体形状、河流的重叠状况等因素,来判断应力积累段的规模。关于应力的大小,一般只在基坑、隧道工程中受到特别关注,当隧道进入到断裂带内部时,积聚应力值(初始应力场)形成的围压对隧道工程才有直接的破坏作用。在小江断裂带本研究段落内,主断裂带内多年内没有发生过弱小地震,周围山体边坡光滑、稳定,长期已无碎石剥蚀现象存在，说明本段主断裂带上可能没有闭锁构造，断裂带上目前很少有强度不同的凹凸体存在，随着西侧主动盘的惯性移动，断层内的凹凸体早已磨蚀、切毁，造成了整段匀速地向南蠕滑运动，地震发生的概率极低。种种迹象表明，没有发现自身可以发震的闭锁段及应力集聚段，主断裂带内高应力区和低应力区空间分布较为均匀，属于"地震空区"。

但是本段内的横向次级断裂带（正断层）地应力的反应却是明显的，两侧山体表面碎石剥蚀强烈，是主断裂带内泥石流的供应体，而且西侧为主动盘，反应比东侧强烈，因此本段最主要的应力汇聚体为横向次生断裂带——大、小白泥沟等，是断裂带运动的阻碍构造，是闭锁段叠加部位。

东川至功山段内向南方向的主动运动，自身的相对自由蠕动，将内聚力向功山方向积聚，功山以南方向上的纵向次级断裂带内是地震的高发区域。

东川至功山段虽然属于"地震空区"，但在整个小江断裂带中和邻近断裂带内的地震影响力仍然会穿过该段断裂带，是其他断裂带内地震的通道，不发震可传震，特别是东、西两分支平行断层之间产生对其的联动作用。

5.4 横向次级断层端部的应力

理论计算，当断层带长宽比等于 10 时，端点处的切向正应力可达到原有拉应力的 21 倍。同时，在断层中部附近则出现应力降低，在短轴端点出现一个等于$-\sigma_1$的正压力。

断层发生错动之后，在其周围大部分地区的剪应力减小，但在断层的两端剪应力却很集中，有使断层自身扩展的趋势。另外，在垂直于断层走向的方向上，还出现两个剪应力集中区，不过其数值比断层两端小。断层端部附近的应力图像相当复杂，出现正负相间的瓣形图像。次级横向断层亦是如此。

本段研究范围内没有主断裂带的端部构造，主断裂带端部的应力表现不存在，但横向次级断裂带却是数量居多，其端部的应力表现很明显，形成一个环状椎体，表面剥蚀严重，是目前该段泥石流的物质来源。横向次级断裂带的长度也可反映出主断裂带剪切力对周边两盘岩体的附带作用。

5.5 地表断裂接触带以上的应力状态

主断裂带位于沟底的断层线或出露于山体表面的断层线，应力迅速降到膨胀应力值的范围。

工程全线均位于地表断裂接触面以上，工程所有设施都在这个层位内，所以断裂带接触面以上山体内的应力状态对工程的反应反而是最大的，对其的认识对工程的可靠性、耐久性、稳定性研究有帮助。专业地学学者对此提出了解析法的估算研究。

断裂带作用的一般效应是释放应力，从而阻止了断层作用在邻区进一步发展。然而，在某些地区，断层作用却有增加的趋势。最明显的地区便是破裂端点附近的地区，因为在破裂端点有很高的应力集中。

Anderson 认为，最大主应力的方向弯曲成为一条平行断层的线，并在横向的方向上释放应力。这样，在断层端点附近的高应力区，上述两个象限内的压应力作用将产生剪破裂，形成“八”字形断层(splay fault)，其断层面同最大主应力的夹角约为 22.5°，“八”字形断层实际上就是次生断层。

根据卫星图片显示，断层呈平行状态，与其斜交的断层夹角为 33°，此值可以去验证 Anderson 的推导公式。依据对部分断层端部的观察，断层端部岩层表面确实呈现出应力集中的现象，岩体表面剥蚀严重，应力环绕挤压山体表面，造成山体表面岩体一层层脱落，比如甘肃境内的官鹅沟断裂，其端部岩体呈明显的挤压剥蚀现象，大白泥沟亦是如此。

Chinnery(1966a)利用矩形的位错面作为主断层的数学模型，根据静力学弹性位错理论，就单轴压缩和纯剪切两种情形，计算了一条直立的走滑断层产生后最终的应力分布。结果表明，在大部分断层长度上初始应力在减小，不利于剪破裂的发生，但在断层端部附近最大剪应力却是高度集中的，因此次生断层是这种端部效应造成的。在走滑断层形成时，因滑动两盘内的拖拉作用,次生断层也是能产生的;端部也有应力很大却没有产生次级断层的,只有山体内的应力集中的表现。端部往往被阻碍物——强大的山体、更为坚硬的岩体所阻碍,但随着应力的进一步集中和板块的转动,端部将再次沿着主断层的走向方向开裂,形成连续的主断层。

根据最大剪应力和流体静应力的数值大小,也可以根据次生断层、主断层端部的地表应力造成的剥蚀情况,预测次生断层形成的最可能的位置、方向和意义。具体进行预测时可以采用以下几条法则:

(1)次生断层可能出现在最大剪应力近似等于主断层形成前存在的最大剪应力的任何地区,尤其最可能出现于最大剪应力远大于初始值的那些地区。

(2)次生断层很可能出现于流体静应力的张拉区内。因为在这种地区,产生新断层所需的最大剪应力甚至比产生主断层所需的最大静压力还要小。

(3)产生断层可能被抑制在流体静应力值比主断层发生之前的应力值还要小很多的地区内。因为在这种高压缩区内,摩擦效应比较大。

当地面处于张拉时,它将可能沿最大剪应力平面破裂,而当地面处于压缩时,它将可能在和最大主压应力轴的方向大约成 30°角的平面内破裂。

小江断裂带东支和西支分叉是对地震力的减弱,是对蓄能构造的弱化,是对块体的分割,是对次级断裂的分割;断层分叉处对阻碍节点位置造成张压性的差异。

5.6 小江断裂带本段工程层位的地应力基本特征

依据小江断裂带本段内的主断裂带露头的不同形式来分析力学特征。

(1)断层线在沟底被河床碎石掩埋

东川城区下方 600 m 深度下为断层线,被碎石深深地掩埋,河水将碎石体浸泡成饱和状，东川城区坐落在碎石堆积体上，目前东川城区东侧山区内的泥石流和河流上游携带的碎石体是补充来源，由于覆盖层厚度过深，东川城区内在经历多次地震时，都未见地表裂缝，主要是地震动对上部覆盖层的开裂作用没能贯穿到地表。

此形式需要明确多强的地震动可以使覆盖层错动后贯穿到地面，可能产生的地表裂缝的走向，碎石覆盖层所能承受的震动强度，该覆盖层是否具有减震或助震的作用，作为工程基础的稳定性情况如何。

此种形式，在平时断层蠕变作用下，覆盖层的断裂被自身碎石整合填充平复后，破裂反应不到浅层，位移量被平复掉，对地表工程没有影响。

在地震作用下，地表无明显变形，覆盖层表面可能会有柔性错动，没有脆性断裂，仍与地震强度和断层线埋置深度有关，依据区内最大预估震级来考虑，地震力在这个深度内还无法影响到地表碎石掩埋体的柔性错动，对工程而言东川城区是没有剪切断裂作用的，只有地震动的整体震动发生。

(2)断层线在垭口下方——磨碑村、终点山区

断层线被碎石堆积体掩埋，上部形成断层垭口，断层平时的蠕动，将制裂作用延伸到地表，形成长期延展的地表裂缝，由于断层线较浅、覆盖层过于浅薄，蠕滑地应力和地震力均能对地表产生极大的破坏作用。工程沿着垭口穿过，与地表断裂并行、小角度穿越都是不可行的。此种状态是需要路线避绕的。既有地表裂缝和地貌如图 5-5~图 5-8 所示。

(3)两盘山体上的断裂线

断裂线出露于地表一侧山脚下或山腰处，多与主断裂带纵向平行，略有小角度的偏移，断裂线露头与工程在一个层位上，断裂中的物质被植物或土体掩埋，断裂内部的挤压地应力因临空面的出现而丧失，主断裂带的蠕滑错动现象就反应在这类地表上，上部山体及沟内基础都是不稳定体，没有地应力但有变形。地震时是强烈作用区域。

路基边坡不能按常规的自由滑动面来考虑，需考虑断裂带内膨胀附加力的作用，一般坡比要小于常规计算数值，在地应力牵引的情况下，在 1∶3 的坡比情况下还会发生滑塌。隧道及桥梁基础设置在此坡体上，

图 5-5 磨碑村下的坍塌体将河谷压缩成窄沟

图 5-6 坍塌体上的磨碑村

图 5-7 磨碑村新建房屋的开裂

图 5-8　线路终点处的垭口地貌

有整体蠕变、失稳的可能性，隧道穿越的多处山体可能会是沉积下来的滑坡体。

(4)横向次级断层的口部

横向次级断裂带下部一般认为有闭锁构造，形成了正、负断层，与主断裂带相交处，沟口有大有小，一则反映出次级断层的深度，二则反映出地应力或地震力对山体剥蚀作用力的大小，地震时地震动在此处变向、分解地震力，在次级断层内传递动能，沟口成为最大的阻力构造。平时主断裂带的蠕滑在沟口处两侧蠕变速率有差异，两岸为非等速运动，形变的受阻就会增大应力的集中。沟口又是线路布置桥梁工程的主要部位，桥梁要承受平时复杂的形变和山体的强烈剥蚀，还要承受地震时比主断裂带上还要复杂、多方向的地震波的破坏，此位置也是工程需要避让的。大白泥沟处的横断面如图 5-9 所示，大白泥沟沟口处地貌如图 5-10 所示。

(5)横向次级断层的端部

横向次级断层端部受岩体的阻碍，应力集中在此，形成应力集中区，对沟头形成环状剥蚀现象，山体一定范围内地应力集中，隧道穿越附近时，结构会承受长期的地应力的作用，对其避让一定的范围才可行。

应力场的研究对于理解地震断层错动和一般断层的无震滑动引起的应力变化的时空分布特征、次生断裂(或地裂缝)的成因、强余震的空间

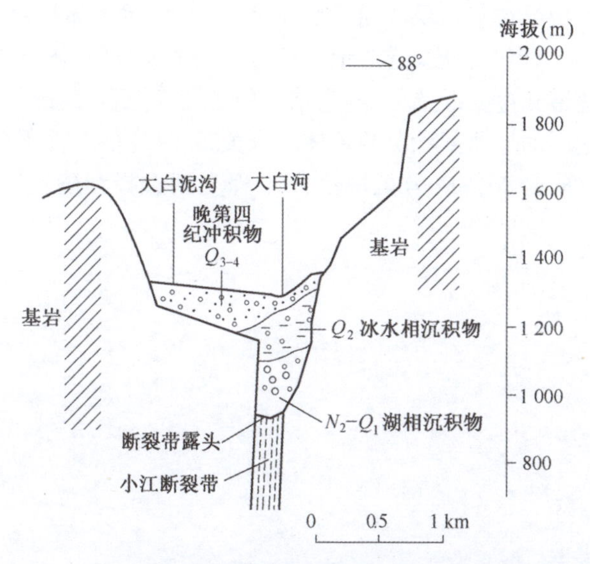

图 5-9　大白泥沟沟心处横断面示意图

图 5-10　大白泥沟沟口处地貌

分布特点、震时效应、震后后效、减震(应力屏蔽)和加震(应力触发)等现象均有重要的意义。

该段断裂带内应力场和地震线上部山体内应力状况的研究对于布置工程的线路走向、滑坡体稳定性分析、路基边坡的稳定坡比、滑坡体上工程的稳定性、桥梁桩基承受侧向力的主要方向、桥梁整体推移的方向、桥梁跨越点的应力集中程度、隧道承受地应力的主要方向、隧道结构所要承受的荷载、隧道开挖变形预估、隧道结构稳定性等内容有着制约作用。应力场状况、地震动加速度状况与单体工程关系,是评估工程所在位置减震或加震的依据,是评估应力集中区内工程类型选择和确定工程等级的依据。

6

功山至东川段活动断裂带断口内泥石流的表现

活动断裂带的活动性表现在断裂带的长期蠕滑，地震只是活动过程中的一次迸发性的活动，蠕滑是常态，地震是蠕滑过程中的一次跳跃。在宏观上，活动断裂带的两盘一定宽度范围内，山体、支沟被拖拉，与主断裂带斜交，呈有规律的方向性的活动迹象；在微观上，可观察到两盘积累下来的错距，在两盘内山体表面上明显的活动表现——剥蚀、滑坡和沟谷泥石流的爆发。

工程中不但需要考虑地震时活动断裂带强烈地震动的破坏，还要考虑活动断裂带震后强烈整合活动和平时的蠕滑活动对工程的长期影响。地震活动属于概率事件，而震后活动和平时平稳活动属于工程终身伴随事件。活动断裂带的全程活动都是工程防范的目标，地震活动可根据工程服务期内发生概率大小进行相应的设防调整，平时活动按最大可能性进行设防。

工程活动将活动断裂带相关层位以上山体、掩埋体作为研究的主要空间，作为主要地震活动、蠕滑活动的地质环境，基本为断裂带浅层沟谷，为断裂带的地表部，本部分有多重临空面，有外力的冲刷，有其外形上的演变过程，与活动断裂带深层部位有着迥然不同的环境和变异过程。

功山至东川区间就处于这样的超浅部沟心中，两盘出露地表山体的活动性代表了小江断裂带此段平时活动产生的动态反应。对该段的论述可以体现出活动断裂带地表部的复杂性。

活动断裂带对出露地表山体的活动性最大的反应就是滑坡、崩塌、剥蚀,而后形成长期泛滥,并有与地震活动、断裂带活动有关联的泥石流活动。功山至东川段落与周边多个县市的水文、天气、地质、绿化等环境条件相差不大,之所以该段落被称为“泥石流的博物馆”,是有其自身的动能、地表断裂形式、发育阶段等因素在里面。

泥石流的产生需要三个因素:一是充足的固体物质,本段内活动断裂带提供了此项条件;二是有突发性的雨水及对雨水的汇拢能力,本沟谷与周边各个沟谷的雨水量差距不大,汇水面积即为活动断裂带断口,包括各横向次级断裂带形成的沟谷;三是足够大的纵坡,小江的出口位于会泽县娜姑镇王家山象鼻岭,如图 6-1 所示,最终汇入金沙江,汇合处的海拔高度为 695 m,从大白河起点到汇合处的河床相对高差约 1 000 m,平均纵坡为 10%,山岭高点高程距小江出口的高差超过 2 000 m。小江断裂带的西支及邻近的活动断裂带没有形成如此规模的泥石流,多是缺少一个低端的出口,冲击物在沟内沉积,及压着两盘山体的大面积滑塌。

图 6-1　会泽县娜姑镇王家山象鼻岭小江汇入金沙江的沟口

功山至东川段在具备了上述三个条件后,通过以下泥石流状况的调查可以了解到活动断裂带断口内垮落碎石被不断携带走之后,其生长发育的速度,以及断裂带的超强活动性。

6.1 功山至东川段内泥石流的状况

6.1.1 功山至东川峡谷段内大白河区域内泥石流的状况

大白河起于寻甸县境内车湖,高程为 1 700 m,全段河床高程在900~1 700 m 之间,山高谷深,地形陡峭,河床落差大,为泥石流活动提供了有利的势能条件,大白河~小江河床平、剖面具有明显的山区变迁型河段特征。河床两岸控制性泥石流沟有十多条,许多大型泥石流沟堆积扇成为河道纵坡陡缓相接、平面宽窄相间、横向迁移的控制节点。这些节点既控制着河床上涨的游积速度,又是控制铁路、公路交通工程使用年限和人工活动的安全高程。

现代泥石流基本上以主断裂带的活动为根源,大地震为突显点,丰水年为动力,人类工程活动为引导,形成一次次的泥石流活动高潮,近 300 年有记录的泥石流发展史说明了这一规律。

发育跨度大的,可以长久不衰,持续发展旺盛,能跨越几次大地震而不衰减(大、小白泥沟,蒋家沟等,蒋家沟泥石流状况如图 6-2 所示),表明强烈的运动、变形持续在起作用。发育跨度小的,能在短期内发展到相当

图 6-2 蒋家沟泥石流

的规模,如老干沟、达德沟等,表明地应力的释放变缓。还有衰退很快的或基本不发展的,如红沙沟、深沟、洗马圹沟等。

1963 年以前的河床上涨值相对慢一些,原因是处在 1966 年东川大地震的前夕,不少泥石流沟都比较平静,正处在临震前的低潮期。从蒋家沟,大、小白泥沟等几条经常堵江的统计资料分析,泥石流堵江的时间和次数在临震前都有减小的趋势,而 1966 年大地震后又有明显的回升增多现象,河床淤涨与地震、泥石流发展趋势是正相关的关系。目前还是 1966 年大震后的初始期。大白河~小江河床上涨,近期是加速的,在加速一段时期后,随着泥石流发展趋势的缓解,河床上涨速度亦将随之下降,50 年值平均每年的上涨值要高于 100 年值的年平均值。

大白河区域内泥石流的活动周期大约在 100~500 年之间,基本上与地震活动同步,在水文年的配合下,出现一个活动高潮期。在泥石流活动低潮期或地震活动平稳期,主断裂带在平稳地蠕滑,闭锁部位相对较少,应力缓慢释放或积聚到个别特殊构造上,横向次级断裂继续承压,不稳定岩体缓慢地发育成滑坡体,泥石流的物质来源一直持续产生,与主断裂带的活动性同步,泥石流物质的产生与断裂带的活动是统一的。

小江断裂带两盘山体垂直运动地形差异明显,具有 3 400~4 000 m、2 600~2 900 m、2 200~2 500 m、1 800~2 000 m、1 600~1 700 m 等五级台阶。2 000 m 以下的各级平面,均分布有新第三纪沉积物,这反映了近期有持续的强烈抬升过程。上升过程中有局部下降,其上升率达到 0. 15 cm/a。由于抬升作用,小江河谷下切很深,形成比高约 3 000 m 有利于崩塌滑坡的高山深谷。沟谷多为 V 形,坡面为 35°~36°(碎屑坡),或坡面为 35°~50°(基岩坡)的临界状态,极易发生滑坡、崩塌,为泥石流发展提供了物质和有利地形。

近二三十年以来,由于小江大白河段两岸大、小白泥沟等爆发大规模泥石流的堵塞作用,使得河道由下切变成淤积,从而大白河河谷横断面为 U 形的淤积性河谷,出现了河谷上、下游在地貌形态上的倒置现象。目前,大白河明显地表现为沉积上涨,支沟流域的堆积扇迅速发育的现状。如图 6-3 所示,白色支沟为大、小白泥沟剥蚀情况,大白河段白色为淤积范围。

图 6-3　大、小白泥沟卫星图

1733 年强震后，小江中、下游段，沟谷普遍爆发了规模较大的泥石流活动。1966 年东川地震后，泥石流发展普遍加剧，又导致该区泥石流活动的新高潮。小江河床发生了明显的升降差异运动，在东侧山坡形成平行小江的梯级断裂 3 道，导致山坡大规模的重力侵蚀作用。蒋家沟在当年就爆发了 17 次泥石流，其中一次泥石流历时 80 多小时。蒋家沟内的门前沟北坡坪子大滑坡 $60\times10^4\ m^3$ 土石堵塞沟床，并形成 44 m 高的天然堆土坝，上游积水成湖，当年雨季时溃坝，发生了一次特大泥石流。又如老干沟，1962 年沟内松散固体物质储量只有 $40\times10^4\ m^3$，1966 年东川强震后，老干沟下游左侧山体开裂，产生大滑坡，松散固体物质储量增至 $200\times10^4\ m^3$；1962～1969 年大桥顶帽以上堆积物高度约为 12 m，目前沟内松散固体物质储量已增至 $1\ 360\times10^4\ m^3$。可见，地震引起山坡崩滑塌作用对泥石流的发展不可低估，时至今日崩滑塌作用仍在盛行，如 1966 年东川地震使大梨树滑坡整体滑移数米，在 1986 年 10 月 4 日该滑坡复活，总滑量 $228\times10^4\ m^3$。地震对泥石流的发展作用十分明显。从地震动态分析，当前东川泥石流正处于发展高潮期。

总之，东川泥石流与小江断裂带的持续活动有关，也与近期受到大地震的影响有关，本身内聚力极高的多数泥石流沟都处于活动期，正在形成又一次泥石流活动高潮，短期内难以消退。泥石流沟均为小江断裂带的横向次级断层，地应力的整合、释放、聚集都体现在此部位上。

本项目沿线初步共发现小江断裂带东支研究段落内的主断裂带上显像的不稳定滑坡 31 处，平均不到一公里一处滑坡，其中工程对滑坡坡脚有直接扰动的滑坡有 8 处，具体分布见表 6-1，该数量已经远远超过一般工程所能承受的数量，而且尚未考虑 6 级左右的地震所能产生的新滑坡。

表 6-1 工程对滑坡坡脚有扰动的滑坡分布一览表

序号	里程位置	宽度（m）	名称	滑坡描述
1	K6+200	120	蛮营洼滑坡	滑坡纵长 110 m，前缘宽 140 m，后缘宽 80 m，平均宽度 120 m，前滑坡厚 3~10 m，平均 6 m，体积约 80 000 m^3，滑动方向 260°。目前滑坡体上已有植物生长，整体处于基本稳定状态
2	K6+980	85	响水河滑坡	滑坡体纵长 130 m，前缘横宽 120 m，后缘横宽 50 m，滑床坡度为 20°~40°，平均 30°；滑坡厚 2~6 m，平均 4 m，体积约为 1 万 m^3，属小型土质滑坡，处于基本稳定
3	ZK11+000	45	夹马槽滑坡	滑坡体纵长 100 m，前缘宽 60 m，后缘横宽 30 m，滑床坡度为 30°~50°，平均 40°；滑坡厚 2~8 m，平均 5 m，体积约为 3 万 m^3，属小型土质滑坡，于基本稳定状态
4	K25+200	180	磨碑村滑坡	滑坡纵长 300 m，宽 180 m，滑坡体平均 24 m，体积约为 120 万 m^3，属巨型土质滑坡，现状处于稳定状态。在强降雨、较强地震的激发下，存在滑动可能

续上表

序号	里程位置	宽度(m)	名称	滑坡描述
5	K41+600	290	大营盘滑坡	滑坡纵长 207 m,宽 290 m,滑坡厚平均 24 m,体积约为 103 万 m^3,属巨型土质滑坡,整体处于基本稳定状态。在强降雨、较强地震的激发下,存在滑动可能
6	K43+100	60	葫芦口滑坡	滑坡纵长 20 m,宽 60 m,滑坡厚 3~7 m,平均 5 m,体积约为 0.6 万 m^3,属小型土质滑坡,整体处于基本稳定状态
7	K46+450	650	梭山滑坡	由四个小滑坡组成的滑坡群,总体积约 53 万 m^3,小滑坡体积 1.82 万~27.22 万 m^3,位于大白河右岸,右自然地质作用产生,该滑坡纵长 150 m,宽 650 m,滑坡厚 1.60~15.50 m,平均 7.86 m,体积约为 53.00 万 m^3,属大型土质滑坡,整体处于基本稳定状态
8	BK37+800	200	对门山滑坡	滑坡纵长 90 m,宽 200 m,滑坡厚 1~5 m,平均 3 m,体积约为 5.0 万 m^3,属中型土质滑坡,整体处于欠稳定状态

东川地区属于大陆性亚热带气候,季风的影响,降雨集中,雨季占年降雨量的 90% 以上,强度大,为形成大范围泥石流暴发提供了水力条件。

6.1.2 东川城区内泥石流沟状况

小江断裂带新构造运动非常活跃,在新生代构造盆地中,第四纪断层和褶皱屡见不鲜,反应小江断裂带仍在继续运动。东川盆地新村火车站附近的第四纪地堑构造,由四条雁行排列的正断层构成,总体方向为西北 10°垂直断距平均 2 m 以上,两侧断层具有左旋水平运动。反映了东川盆地第四纪仍处于西北~南东方向的水平挤压状态,以及小江断裂带东支断裂的左旋运动。

东川城区东倚乌蒙山,东部山区向城区方向发育有规模较大的 4 条泥石流沟(由北向南分别为老干沟、田坝干沟、深沟及其支沟竹国寺沟和支沟尼拉姑沟、石羊沟)穿城而过,大桥河沟、腊利沟位于东川城市规划区的南北两端,这几条泥石流沟总流域面积达 142 km^2,是乌蒙山西侧山区通向大白河的主要行洪通道。上述泥石流沟历史上曾发生多次泥石流,如 1961 年、1964 年深沟发生两次大规模泥石流,1973 年,田坝干沟发生过规模很大的泥石流。

城市后山复杂的地质环境条件孕育了泥石流灾害的发育条件,多年的人为工程活动使地质环境条件更加脆弱,虽经过 2010 年对城市后山的治理,但上述沟谷的固体松散物质总储量仍然达 21 604×10^4 m^3,经过近 30 年的积累,年最大可移动量 114×10^4 m^3,为泥石流的发生提供了丰富的物源基础,加剧了灾害发生的可能性,如若暴发大规模群发型泥石流灾害,则东川城区数十年的建设成果将毁于一旦。东川城市后山泥石流沟危害现状见表 6-2,泥石流特征或威胁如图 6-4~图 6-11 所示。

表 6-2 东川城市后山泥石流沟危害现状一览表(2015 年)

沟名	流域面积(km^2)	松散物储量(万 m^3)		潜在威胁		
		总储量	可移动量	人口	财产(万元)	威胁对象
深沟	31.77	4 723.6	38.84	12 000	13 000	城镇居民、基础设施、农田、搅拌站
祝国寺沟	5.62	475.61	7.19	2 150	5 000	城镇居民、基础设施、农田
田坝干沟	19.32	4 283.41	19.95	150	17 000	城镇居民、糖厂、基础设施、农田
大桥河沟	57.49	12 122.25	48.12	870	10 000	村寨、公路、6 000 亩农田、堆积区的冶炼厂
腊利沟	27.97	5 971.81	34.87	300	10 000	搅拌站、农田、道路、水利设施、农田
合计	142.17	27 576.68	148.97	15 470	55 000	

图 6-4 受泥石流灾害威胁下的东川城区

图 6-5 深沟上游已淤满拦挡坝

东川城区地貌上属中切割的高、中山峡谷类型，地形上以乌蒙山脉的主峰大牯牛岭向西的小江河床倾斜，最高点为小江流域的大桥河、田坝干沟与金沙江另外的一级支流以礼河分水岭大牯牛岭，海拔 4 017 m，最低点为大桥河与小江交汇处的三江口河床，海拔 1 120 m，最大高差 2 897 m。

图 6-6　深沟上游坡面侵蚀严重

图 6-7　祝国寺沟上游物源

图 6-8　祝国寺沟下游受威胁的居民

图 6-9　田坝干沟下游被堵塞的沟道及威胁的居民

图 6-10　大桥河沟上游已建拦挡坝

图 6-11　大桥河沟下游威胁的农田及居民

东川城区东侧地形坡度一般为 20°~40°，海拔 1 600 m 以下为断陷冲洪积盆地，沿东与中、高山区形成牯牛岭的山麓缓坡，地形坡度 5°~15°；1 600~2 500 m 之间为中、高山区，地形坡度 15°~40°，局部形成陡坡、陡崖，基岩外露，剥蚀严重；在沟谷内及 2 500 m 以上的地段，形成坡度大于 50°的陡坡、陡崖。总体上地形反差强烈，山高谷深，坡陡流急，坡内分布的主要大型泥石流沟切割深度在 10~800 m 之间。东川城区内的泥石流沟流向均为由东向西，流域面积最大的是大桥河沟，达 57.49 km^2，最小的为祝国寺沟，面积 5.62 km^2，堆积区均位于小江河床附近。东川城区内主要大型泥石流沟地形地貌特征见表 6-3，东川城区内泥石流生长特征汇见表 6-4。东川城区后山各沟固体松散物源比例统计见表 6-5，东川城区内泥石流沟类型和规模分类见表 6-6，车川城区内泥石流沟危险性分级见表 6-7。

表 6-3　东川城区内泥石流沟地形地貌特征表

沟名	流域面积（km^2）	地形要素			沟谷岸坡要素			
		最高海拔（m）	最低海拔（m）	最大高差（m）	岸坡（°）	沟谷横断面形态	平面形态	切割深度（m）
大桥河沟	57.49	4 017	1 120.0	2 897	20~40	V、U	葫芦状	150~800
田坝干沟	19.32	4 017	1 130	2 887	15~40	V、U	树枝状	100~800
深沟	31.77	3 900	1 140	2 760	20~40	V、U	树枝状	100~700
祝国寺	5.62	2 615	1 189	1 425	15~35	V、U	树枝状	10~300
腊利沟	27.97	3 607	1 217.5	2 390	15~40	V、U	树枝状	50~600

表 6-4　东川城区内泥石流生长特征汇总表

沟　名		大桥河沟	田坝干沟	深沟	祝国寺沟	腊利沟
流域面积（km^2）		57.47	19.32	31.77	5.62	27.97
主沟长（km）		15.25	11.85	13.55	6.65	12.9
沟床纵坡降（‰）		171	240	196	214	185
相对高差（m）		2 610	2 840	2 660	1 426	2 390
物源区	面积（km^2）	50.71	16.16	29.01	5.44	24.38
	长度（km）	5.02	5.37	2.62	1.62	6.19
	纵坡降（‰）	370.52	441.34	541.98	348.75	277.87
	相对高差（m）	1 860	2 370	1 420	565	1 720
	沟谷形态	V 形	V 形	V 形	V 形	V 形

续上表

沟　　名		大桥河沟	田坝干沟	深沟	祝国寺沟	腊利沟
流通区	面积(km^2)	0.84	0.17	0.84	0.18	0.69
	长度(km)	5.21	2.65	8.81	5.70	2.66
	纵坡降(‰)	124	106	131	149	154
	相对高差(m)	650	280	1150	850	410
	沟谷形态	U形	U形	U形	U形	U形
堆积区	面积(km^2)	5.94	2.99	1.92	0.015	2.9
	长度(km)	5.02	3.83	2.12	0.14	4.05
	纵坡降(‰)	20	50	42	43	64
	相对高差(m)	100	190	90	6	260
	堆积扇(km^2)	5	0.56	0.37	0.01(为深沟的支沟,堆积区被深沟水流带走)	0.92

表 6-5　东川城区后山各沟固体松散物源比例统计表

沟名	年最大可移动量(万t)	固体松散物源						合计
		沟床堆积物	滑坡	崩塌	崩塌外动力作用体	坡面及细沟侵蚀	其他	
深沟	38.84	77.37%	1.52%	11.87%	1.38%	6.32%	1.54%	100.00%
祝国寺沟	7.19	83.44%	5.7%	2.92%		7.94%		100.00%
大桥河沟	48.12	73.44%	10.10%	1.47%	4.82%	9.23%	0.94%	100.00%
田坝干沟	19.95	68.27%	4.54%	0.28%	17.69%	8.37%	0.85%	100.00%
腊利沟	22.5	77.12%	3.33%	2.27%	7.71%	9.29%	0.29%	100%

表 6-6 东川城区内泥石流沟类型和规模分类表

沟名	按水源和物源成因	按集水区地貌特征	按重度	按流体性质	爆发频率
大桥河沟	暴雨激发、崩滑型	沟谷型	泥流型	黏性	高频
田坝干沟	暴雨激发、崩滑型	沟谷型	泥流型	黏性	低频
深沟	暴雨激发、崩滑型	沟谷型	泥流型	黏性	高频
祝国寺沟（深沟支沟）	暴雨激发、崩滑型	沟谷型	泥流型	黏性	低频
腊利沟	暴雨激发、崩滑型	沟谷型	泥流型	黏性	中频

表 6-7 东川城区内泥石流沟危险性分级

沟名	活动性特征			灾害危害性	潜在危险性分级
	泥石流活动特点	灾情预测	活动性分级		
大桥河沟	能发生大规模高频	致灾较重	高	中型	大型
田坝干沟	能发生大规模低频	致灾严重	极高	大型	特大型
深沟	能发生大规模高频	致灾严重	极高	大型	特大型
祝国寺沟（深沟支沟）	能发生大规模低频	致灾较重	高	中型	特大型
腊利沟	能发生大规模中频	致灾较重	高	中型	大型

小江断裂带东支在东川市区内的表现有些特殊——被动盘活动性高于西侧主动盘。西侧主动盘山体坡度较陡，河床以下坡面被碎石掩埋，坡面反应不显现；东侧盘体高出西侧 1～2 km，泥石流沟基本出现在东侧被动盘内，目前被动盘的活动性要高于西侧盘体，山体的隆起量要大于西侧主动盘，山体内聚力的不稳定性要高于西侧山体。大量的泥石流堆积体将乌蒙山山腰以下的地形变成缓坡状，但其泥石流沟数量多，泥石流的活跃程度很高，泥石流物质基本来自东侧山体，储量巨大，一旦全部爆发泥石流，将横向阻断大白河的流向，将本工程路线所经过的沟谷变成堰塞湖。单纯以“水土保持”这一原则来认识、治理泥石流，有失准则。

在东川市区选线时，面临着如在东侧较为平缓的台阶式山地布线，将面临三条纵向滑坡和数条横向大型泥石流沟的侵害，线路坐落在不稳定的山体上，缺乏抗震设防和正常时期的灾害防御能力。线路位于西侧，则将线路置于主断裂带的主动盘上，山体相对稳定，基本没有泥石流的侵害，只存在一个抗震的问题，选择西侧布线利多于弊。

6.2 东川市以南沟谷内工程地质地形分段

按照河流冲刷方向对断口内地质情况一一表述，表明断口内地质上的复杂程度，同时表明断裂带断口内破碎体发育、流动、衰减的过程。

(1)构造侵蚀山谷地质区

寻甸功山镇—大龙潭段。区内河谷切割较深，谷底坡度相对较缓，为沟谷地形，相对高差 50~200 m，地形陡缓相间，起伏相对较小。

该区处于小江断裂带影响带范围内，地层出露复杂，主要有三叠系下统飞仙关组(T_1^f)玄武质砾岩、砂岩，二叠系上统玄武岩组(P_2^β)玄武岩，二叠系下统茅口组(P_1^m)灰岩，灰岩岩溶弱发育~较发育。

构造作用强烈，主要为近南北向的小江断裂(东支)寻甸—功山大断层，分支断裂较多，典型为北东~南西向 2 条断裂——白泥井和红水塘断裂，且发育有多条不明性质的分支断层，以及发育倒转的复式背向斜，岩石节理、裂隙较发育。该区滑坡、崩塌、泥石流不发育，初步发现滑坡 4 处、崩塌 1 处和 1 条对线路无影响的泥石流沟。

拟建公路沿线地层产状较陡，局部线路沿较陡边坡展布，该段线路主要以路基、桥梁穿越，局部以短~中隧道通过，受断裂带影响，区内岩体破碎。该段区域沿河谷左右两岸地质条件类似，斜坡陡缓相间，工程地质条件相当。

(2)构造剥蚀低中山、中山深切河谷地质区

大龙潭至阿旺段属于较不稳定的工程地质区，区内特点是地貌切割相对较深，相对高差 300~600 m，地势相对较陡，河谷狭窄，水流较急。

该区处于寻甸至功山断裂影响带，断裂构造复杂，出露地层较复杂，

主要有二叠系上统玄武岩组(P_2^{β})玄武岩,二叠系下统茅口组(P_1^m)灰岩,寒武系下统沧浪铺组红井稍段($\in_{ch}^1$)砂岩,灰岩岩溶弱发育~较发育。

该区工程地质岩组总体为较软岩至较坚硬岩组。该区地处小江断裂带(东支)上方,周边主要地表塌陷断层为大阱、头发村、团箐、麦地阱4条断层及多条不明性质断层,区域构造作用强烈,岩石节理、裂隙极发育,岩体破碎,受区域构造影响,滑坡、崩塌、泥石流等不良地质及地质灾害较发育,初步发现滑坡1处、崩塌2处、不稳定斜坡3处、泥石流4处、小型崩塌危岩多处。

该区线路以长~特长隧道方式通过为主、桥梁及路基为辅展布于坡脚,挖方切坡易诱发滑坡、崩塌等地质灾害,且易遭受坡面泥石流、滑坡的危害。该区应属较不稳定的工程地质区。

(3)较稳定的缓坡地质区

阿旺至磨碑村区段,路线位于大白河左岸,该区地势相对平缓,地层为山麓洪坡积层。

区内特点是地貌切割相对较浅,相对高差50~200 m,地势相对较缓,河谷较宽缓,水流平缓,该区大白河河床为泥石流堆积区,逐年抬高。

岩性为寒武系下统筇竹寺组($\in_q^1$)砂岩,工程地质岩组总体为较软至较坚硬岩组。

区内构造作用强烈,岩石节理、裂隙发育,岩体极为破碎,受区域构造影响,滑坡、崩塌、泥石流、不稳定斜坡等不良地质及地质灾害较发育,初步调查发现滑坡2处、不稳定斜坡2处、泥石流4处。

该区泥石流较为发育,有多条泥石流支沟——阿旺小河、里里落沟、落戈沟、芭蕉箐沟,大多已进行了沟口治理,拟建线路均采用桥梁通过或采用短隧道穿过。

(4)不稳定的工程地质区

磨碑村至东川城区段。区内河谷切割相对较深,相对高差300~500 m,地势相对较陡,河谷较窄,纵坡大,水流急,特别是大白河右岸,斜坡较陡。

拟建线路通过处主要以桥梁及隧道为主,大白河河床为泥石流堆积区，逐年抬高。该区地处小江断裂带（东支）上方，断口内两岸断裂构造极其复杂，出露地面纵向次级断裂较多，岩性主要有二叠系上统玄武岩组（P_2^β）玄武岩、二叠系下统茅口组（P_1^m）灰岩、寒武系下统筇竹寺组（$\in_q^1$）砂岩，地质岩组总体为较软岩至坚硬岩组。灰岩岩溶弱发育～较发育。

该区地处小江断裂带（小江断裂东支）影响带，该断裂沿大白河河道内通过，与大白河走向一致，隐伏于覆盖层之下，受大断裂和其分支断层影响，大白河两岸斜坡山体破碎，灾害发育，主要断层为麦地阱、鲁纳窝、水槽清、窝利村4条断层及多条不明性质断层，区域构造作用强烈，岩石节理、裂隙发育，岩体极为破碎，受区域构造影响，滑坡、崩塌、泥石流、不稳定斜坡等不良地质及地质灾害较发育，本次地质调查于该段内发现滑坡1处、崩塌1处、不稳定斜坡4处、泥石流8处。该区泥石流极为发育，大白河沟道两侧冲沟多为泥石流沟，如汪家菁沟、瓦房沟、老干沟、司马沟、达德沟、黑水河沟、小石洞沟这几条泥石流沟，泥石流堆积物最终汇入大白河，淤积沟道及河床，使泥石流沟道及大白河沟道逐年抬高。泥石流沟大多已进行了治理。

拟建线路均采用桥梁通过或隧道穿过。

(5)构造剥蚀山间宽谷缓坡及侵蚀河流堆积阶地区

东川城区—终点段。区内地形地貌属于低中山峡谷及侵蚀河流冲洪积堆积阶地，相对高差较小，该区域内地形较为平坦，地形起伏略大。

该区处于小江断裂带影响带范围内，断层隐伏于较厚的覆盖层之下。该区出露地层较多，线路通过段下伏基岩主要有二叠系下统茅口组（P_1^m）灰岩、寒武系上统二道水组（$\in_3^e$）白云质灰岩、震旦系上统灯影组（ZZ_2^{dn}）白云质灰岩；灰岩、白云质灰岩岩溶弱发育～较发育，该区工程地质岩组总体为较软至较坚硬岩组。岩石节理、裂隙较发育，岩体一般较完整，局部完整或较破碎。

区内地表覆盖层主要为第四系冲洪积黏性土、砂层卵砾石层，其覆盖层厚度较大，砂层和圆砾及局部分布的软土路基承载力较低，域内分布的红黏土具有一定的膨胀性。

滑坡、崩塌，泥石流和滑坡较发育，发现滑坡2处、崩塌1处、不稳定斜坡2处、泥石流4处。

该段线路以路基、桥梁、隧道通过。

6.3 段内河床冲淤特征及预测

寻甸县功山至东川,河段总长54 km,平均纵坡1.7%。按照路线和周边河道特点类型不同、泥石流相关危害影响程度不同,基本可划分为8段。分别如下:

(1)功山—蛮营洼的响水河段

自功山至蛮营洼一带统称响水河,河段长7.7 km,平均纵坡0.52%,为垭口峡谷形态,河道狭窄、两岸较稳定,泥石流不发育,河底出露基岩,冲淤基本平衡。

(2)蛮营洼—徐家地的夹马槽河段

自蛮营洼开始河道稍有加宽趋势,局部偶有少量淤积,至张家湾以下河道由于深切割又变狭窄,夹马槽一带较顺直,河段长8.9 km,平均纵坡2.22%,呈现高中山峡谷形态。两岸山坡高陡,开始发育滑坡、崩塌造成不稳定斜坡,较大冲沟型、沟谷型泥石流基本没有,只有少量坡面型小型泥石流发育。夹马槽整体河段冲淤基本平衡、局部地段稍有侵蚀下切。

(3)徐家地—小坡头的岔河河段(图6-12)

自徐家地以下大白河汇入了一条较大的支流木多小河后,河道开始逐渐宽缓,一般河谷宽50~200 m,河段长7.9 km,平均纵坡1.71%,呈现高山深切割河谷形态。两岸也更加破碎,冲沟侵蚀较多,尤其断裂带的主动盘的西岸,高山发育了多条沟谷型泥石流,自葫芦山沟开始泥石流沟大量发育,向北还有期黑沟、松香沟、拖潭沟,东岸有张家箐沟,自南向北发展汇入吊嘎河,然后冲入大白河。尤其是西岸葫芦山沟与期黑沟之间还发育了5条坡面型泥石流沟,期黑沟与松香沟之间也发育了3条坡面泥石流沟。在岔河河段是泥石流灾害集中频发的地带,8条坡面型泥石流沟虽然沟道较短,但均与高陡的崩塌滑坡体连成一线(片),每年雨季均会发生大范围的泥石流灾害。葫芦山沟、期黑沟、松香沟、张家箐、吊嘎河、拖

(a)

(b)

图 6-12　徐家地—小坡头的岔河河段地貌

潭沟等 6 条小流域内有大量的滑坡崩塌体,是上游泥石流的物质来源。

该河段大小 14 条泥石流沟基本上都和大白河河道呈直角相交汇的态势,除拖潭沟、吊嘎河外基本没有实施治理,每年均不同程度的暴发泥石流,直冲进入大白河河道形成局部严重淤塞,强烈压缩河道,使洪水偏向对岸又造成集中冲刷,属于泥石流严重危险区域。东川铁路支线从该河段两岸坡脚通过，在2009年以前大约30余年间，年年遭受这些泥石流沟的危害，或冲毁淤埋，或冲刷掏蚀，经常造成断道等严重灾害损失。后期逐渐建成了泥石流沟口的排导和河道的防冲工程，但也只是防一时之害。

岔河河段冲淤接近平衡，近10年来偏重淤积，年平均淤积3~6 cm，极端淤积2~3 m，极端冲刷1.5~3 m。

(4)小坡头—磨碑的阿旺河段(图6-13)

(a)

(b)

图6-13　小坡头—磨碑的阿旺河段地貌

从小坡头以北至磨碑的阿旺河段，河段长6.2 km，平均纵坡1.29%，大白河河道更加宽缓，河道一般宽150~500 m，东岸山坡较陡，西岸山坡稍缓，泥石流冲积扇较宽，呈现高山宽谷形态。东岸发育了铜牛厂沟、黑沙沟、许家小河、陶家小河，西岸发育了阿旺小河、里里落小河、落戈沟、芭蕉箐沟，除铜牛厂沟、芭蕉箐沟为冲沟型小型山洪泥石流沟外，其余6条均为流域面积较大，从海拔3 000 m左右就开始发展至海拔1 400 m的成熟沟谷型、高差极大型泥石流沟，它们流域范围内均存在大量的滑坡崩塌形成的松散固体物源，可为泥石流的暴发提供较好的条件。

阿旺河段东岸的许家小河、陶家小河沟谷切割较深，和黑沙沟一起将泥石流全部汇入到大白河河中；西岸的阿旺小河、里里落小河、落戈沟水动力条件稍差，泥石流大部分停留淤积在沟口形成了较大的缓坡冲积扇，将大白河压缩到东岸。另外，磨碑旁河道中的团结渠取水坝，自1972年建成投入使用以来由于泥石流的影响经历多次加高，更加促使泥石流本来就非常严重的阿旺河段泥沙淤积严重、河床较快抬升。1980~2005年期间，阿旺河段两岸泥石流年年频繁暴发，东岸的S207公路每逢雨季经常断道，西岸的东川铁路支线随时经受反复的冲淤考验，阿旺集镇及周边村庄均遭受泥石流灾害，河道两岸的农田、河堤更是遭受大冲大淤反复受灾毁坏，现磨碑一侧的农田已经低于河床3 m左右形成"洼地"。

阿旺河段曾经是泥石流危害较大地区，以山洪和水土流失为主。最近30年年平均淤积15~20 cm，极端淤积2~3 m，极端冲刷2~3.5 m；今后30~50年预测年平均淤积8~12 cm，50年后预测年平均淤积5~8 cm。

(5)磨碑—小白泥沟的小白泥沟河段(图6-14)

小白泥沟河段呈现高山宽谷形态，河段长4.68 km，平均纵坡1.1%。东岸发育了小石洞沟，西岸发育了安乐沟、沙崩崖沟、小白泥沟。小石洞沟和安乐沟虽切割较深，曾经造成小型泥石流冲积扇；沙崩崖沟属坡面基岩滑坡型泥石流，暂时稳定；小白泥沟是本河段主要的控制性大型泥石流，其危害性极高，每年均多次暴发，可形成冲击、淤埋等危害，经常造成大白河短时堵江，还会造成上游极端淤积和下游极端冲刷等综合危害。

小白泥沟河段属泥石流严重危害区，年平均淤积18~25 cm，极端淤

(a)

(b)

图 6-14 磨碑—小白泥沟的小白泥沟河段地貌

积 3~5 m,极端冲刷 4~6 m。

(6)小白泥沟—大白泥沟的大白泥沟河段(图 6-15)

大白泥沟河段呈现高山宽谷形态,河段长 2. 5 km,平均纵坡 1. 4%。东岸发育了黑水河、达德河、司马沟,西岸发育了大白泥沟。黑水河、达德河在 1975~2000 年间频繁暴发泥石流,对原东川铁路支线、S207 公路和姑海集镇及周边村庄造成严重灾害。司马沟由于坡度很陡属于坡面崩塌型泥石流,现松散固体物源逐步剥落,基本以山洪为主。大白泥沟目前每

(a)

(b)

图 6-15　小白泥沟—大白泥沟的大白泥沟河段地貌

年均多次暴发，不仅形成冲击、淤埋等危害，还激烈的淤积抬高河床、压缩河道使洪水偏向东岸造成经常短时堵江，形成泥石流暴发时上游极端淤积和下游极端冲刷等综合危害。

大白泥沟河段属泥石流严重危险区，年平均淤积 20 ~ 35 cm，极端淤积 4 ~ 5 m，极端冲刷 5 ~ 7 m。

(7)大白泥沟—东川南的木树朗河段(图 6-16)

木树朗河段呈现高山宽谷形态，河段长 5.11 km，平均纵坡 1.86%。东岸发育了老干沟、瓦房沟、汪家箐沟，西岸发育了荣家箐沟、铜厂箐沟。瓦房沟属小型泥石流沟，近年均不再暴发泥石流，过去形成的小型冲洪积

图 6-16 大白泥沟—东川南的木树朗河段地貌

扇也没有进入大白河主河道中，泥石流危害很小；老干沟和汪家箐沟虽然在 1975～1995 年间频繁暴发泥石流，对原东川铁路支线、S207 公路造成严重灾害，但经过 20 多年综合治理，基本不再暴发泥石流；荣家箐沟、铜厂箐沟由于中游存在多个两岸崩塌滑坡不良地质体，可为泥石流的暴发提供物源，暴发频率偏低，形成泥石流规模较小、危害也较小，但流通沟道短、比较顺直，一旦暴发泥石流就直接汇入大白河中。

木树朗河段现进入的泥石流固体物质以西岸为主，由于上一河段(大白泥沟河段)带来的泥沙较多，虽然加强了采沙疏导，但河道总体呈现较重的淤积，雨季、旱季变化幅度较大。年平均淤积 15～25 cm，极端淤积2～2.5 m，极端冲刷 2.5～3.5 m。

(8)东川南—东川北的东川城区河段(图 6-17)

东川城区河段呈现高中山宽谷盆地形态，河段长 10.7 km，平均纵坡 0.96%。东岸从南向北依次有腊利河、石羊沟、深沟、祝国寺沟、田坝干沟、热水塘沟、洪沙沟、大桥河等 8 条泥石流沟汇入，使东川城区处于泥石流冲积扇上。只有冲沟型的洪沙沟没有治理，但近年均没有暴发泥石流，表现为山洪，危害很小；其余 7 条沟均进行了多年的综合治理，尤其石羊沟、深沟、大桥河成效显著，短期内不会暴发泥石流形成危害。右岸在三江口一带由于受块河、乌龙河较高洪水的顶托作用，呈现一般淤积；但随着河道采砂的逐年开展，整体河段接近冲淤平衡、稍有淤积。年平均淤积2~5 cm，极端淤积1~2 m，极端冲刷2.5~4 m。

图6-17　东川南—东川北的东川城区河段地貌

6.4　本沟断口内泥石流发生的固体物质来源

泥石流是地震灾害的表现之一，也是活动断裂带的动态表现之一。

东川小江地区每次强震发生后，就出现一次泥石流暴发高潮。1733年强震后，小江中、下游段，沟谷普遍暴发了规模较大的泥石流活动。

对于一条挤压型的走滑活动断裂带，无论是蠕滑还是地震时的黏滑，对地表的切割作用都是一样的，只是发生的时程不一样。从平面维度上看，断裂带附近的岩体受到的牵引位移要大于远离部位的岩体；从垂直维度上看，距离断裂线越近的覆盖层牵引位移量要大于地表。这样就产生了前后左右的位移差量，岩体内部产生了剪切应力，将断裂带两侧岩体切割成平行于断裂带的条状松动岩体。受到地表水常年的冲刷，沿着断裂带走向的沟谷形成，松动的条状岩体一层层被冲刷、剥蚀、滑塌，直到断层线以上的被剪切条带全部脱落。随着断裂带的持续活动，新生条状岩体或滑坡体与冲刷作用同时发生，形成不断演变的沟谷不稳定状态。横向支沟亦是如此。

目前小江断裂带内断裂带的活动性是持续的,偶尔还会有地震的突变(黏滑)发生,主断裂带两侧的大型松动条带岩体早已渐灭,现在只有各部位的滑坡出现,随着主断裂带的位移加剧,当前的两侧岩体上还会衍生出大型滑坡体或条状裂缝。部分横向次级断裂带内,平行于走向的条状断裂,正在滑塌。

泥石流的物质来源为小江断裂带两侧山体上的碎屑石及部分滑坡,但主要还是来自于横向支沟,即所谓的羽状次级断裂的末端。断裂的末端山体平面呈现出扇形塌落区域,并与断裂带呈现出关联性,山体剥蚀严重,以大块垮落为主,山体表面受地应力的扭曲作用明显,坡面呈剪切垮落,垮落具有持续性,在遇到强震后垮落又具有爆发性。

小江断裂带左旋断裂的表现,主断裂带呈空挡蠕滑,很少有闭锁点,直接使断裂带两侧山体部分段落承受平行于断裂带走向的挤压地应力,使山体表面呈现出挤压裂缝,如同一岩块两端挤压后,中部有脱落现象一样,目前东川市区的东侧山体坡面上,至少有 3 道纵向断裂线,向沟谷内倾覆的意图十分明显,每条断体都是碎石的包裹体,也是泥石流发育的物质来源。

因此,主沟内没有大型断裂岩体的垮落,只有部分滑坡出现,支沟内和支沟沟口,特别是泥石流发育的支沟,其两侧岩体的松动、断裂程度是主要关注的部位。

6.5 泥石流对大白河河床高度的长久影响

就地质年代长度而言,远期河床是下切的,因为本区所处地质构造是属于新构造运动上升区,应为构造河谷下切河流。当前主要是泥石流发育严重,固体物质淤积量大于下切搬运量,故而近期是淤积的。作为大白河—小江侵蚀基面的金沙江,则是处于新构造运动上升区的下切河流,它没有河床淤积上涨作用。因此,当东川泥石流停歇后,泥石流所形成的河床上涨节点,一旦被大白河—小江水流切穿,将引起一系列的由小江口溯源河床下切侵蚀作用,故远期将是下切的。大白河—小江形成于第四纪以前的喜马拉雅构造期,到现在已经历了多次(至少3次)下切。每个阶段均曾相对稳定过一段时期,因而形成了明显的阶地和古泥石流扇。由此可以预测在经过一段地质时期后,不良作用将进入稳定阶段。大白河—小江也就转为下切河流。

小江断裂带左旋走滑断裂造成的拉分盆地,经过常年泥石流的充填和切割,目前盆地已经成为宽敞、平坦的河川或城镇,比如东川市区就是由原来深度约为3 km的深沟、峡谷演变成现在跨度为2 km的宽阔城镇。

东川泥石流的发展历史已经很久远,地貌形态上还保留许多规模庞大的古老泥石流堆积体。3次7级左右强震之后,泥石流的发生和发展,都有过新的高涨活动期。如近代泥石流的老干沟,1963年的松散固体物质储量只有40×10^4 m^3,1966年强震后,山体开裂失稳现象明显增加。到1977年回访时松散固体物质储量猛增到$1\,450\times10^4$ m^3,多出36倍。1986年4月18日东川禄劝间地震又发生在大白河西岸,使得这年大白河西岸泥石流沟普遍暴发而且强大。

主河床内的个别地段会突发性地抬高,经不久又会变得平缓,但总体为抬高趋势。

在连续遭受泥石流破坏的大量事实教训下,自1957~1980年间,东川线曾组织力量对河床上涨问题进行了系统的测绘、调查、观测、分析,对大白河—小江河段特征值及河床上涨观测资料分析如下:

河床上涨率由上游往下游,随着泥石流沟的增多而增大;随着支沟、支流直接汇入量的减少而减少。

大、小白泥沟及蒋家沟等大型泥石流堵江处的河床上涨率最大,堵江断流之年河床上涨最快。这是因为堵江断流直接增高河床,堵体溃决下切后,由于河床质粗化,河床不能降到堵江前高程,故堵江一次,堵江处连同其前后河段大幅度上涨一次,持续一个时期。

大型泥石流堵江断流处成为控制大白河—小江河床纵向变形的节点。如大、小白泥沟之间大白河纵坡较缓为8‰,由此上至龙头山为11.1%,紧邻大白泥堆积扇的下游河为40‰,自此以下降为25.7‰,13.5‰和

2‰;自蒋家沟堆积扇往下游,小江河床又陡达28‰。

本沟内泥石流特点:多来势突然迅猛,泛滥频繁,河槽摇摆不定,河床上涨与下切变化无常,冲淤相继,沧桑迭见。

此外与本地相邻的修路、采矿弃渣等人为因素,只是引发泥石流暴发的很小原因。河床的年平均淤积、冲刷值只代表长久的趋势,真正发生灾难作用的是突发性的淤积、堵河、河床迅速抬高的量。

6.6 泥石流沟的整治

小江在东川的86 km流程内,就有灾害性泥石流沟达107条,被誉为“天然泥石流博物馆”,每年有数十条沟谷爆发泥石流,对铁路、公路、东川市城区、矿山、农田及水利设施造成严重危害。东川目前水土流失面积1 309 km^2,占总土地面积的70%,被列为水土流失和泥石流Ⅰ级危险区(极端危险)。

据东川区泥防所统计,从20世纪50年代初到90年代初,东川几乎每年都要暴发泥石流。泥石流所到之处,摧毁村镇民房、淹没农田河坝、阻断交通桥梁,造成的损失数以亿计。

1950年以来,东川因水土流失和泥石流灾害成灾30余次,毁坏农田3.2万亩,造成的直接间接经济损失超过20亿元,仅六次大的泥石流灾害就使300余人遇难;1995年以前铁路运输中断累计1 550天、公路阻车1 217天;1995年后公路被迫改道30 km以上,直接经济损失6 950万元,总损失上亿元;小江河道年淤积泥沙4 000多万吨,注入金沙江近600万吨,这对长江中上游的防洪等构成重大隐患。

图6-18为东川铁路支线龙头山三号隧道出口桥梁与泥石流河床的关系图,经过设置导流坝,亦无法阻挡下一次泥石流上桥、推桥、穿隧道的可能性。

据不完全统计,每年都有美国、日本、加拿大、瑞士等十余个国家,及我国各省及香港、台湾等地区上百位泥石流防治专家到东川考察东川泥石流防治措施。特别是美国和日本,每年都有专家前来取经,在2007~

图 6-18　东川铁路支线龙头山三号隧道出口桥梁图

2011 年,日本每年都有新入职的公职人员前来东川蒋家沟观摩和体验。图 6-19 为蒋家沟泥石流形成的沟口。

图 6-19　蒋家沟沟口

当地政府对危害极大的滑坡、泥石流灾害进行积极防治。于 1965 年开始治理蒋家沟,1976 年整治大桥河;相继实施了《城市后山五条泥石流沟治理规划》、《小江河谷五乡(镇)泥石流治理规划》等;1998 年又开始实施老龙箐等五小流域国债项目水土保持工程。1999 年东川被列为全国生态环境重点治理县后,实施了阿旺小河等三沟生态环境建设水土保持工程。30 多年来,东川先后对危害城市、交通最严重的 16 条泥石流沟进行了综合治理并取得了一定成效。

按照工程治理与生物治理相结合、治理与开发相结合的方针，完成工程造林4 920 km^2、封山育林24 766 km^2，建成泥石流拦沙坝153座、固床坝178座、谷坊1 101座，拦蓄和稳定泥沙3.7亿 m^3，新垦农田1 833 km^2，控制水土流失面积240 km^2，使水土流失面积下降了18%。

6.7 泥石流总体评价

(1)各支沟的泥石流评价

沿线35条泥石流沟中，大白泥沟、小白泥沟这两条大型、黏性泥石流沟由于没有得到治理，暴发频繁、成灾极高、危害严重，属于非常危险区域，尽量避开，不要从冲积扇下部通过，有冲断桥桩、推倒桥桩、渣体上桥的风险。

葫芦山沟、期黑沟、吊嘎河、阿旺小河、落戈沟、沙崩崖沟、荣家箐沟、铜厂箐沟等8条泥石流，有的未进行治理，暴发成灾速度较快、冲击高度大、成灾损失较大，属于危险区域。

松香沟、张家箐沟、拖潭沟、铜牛厂沟、里里落小河、许家小河、黑沙沟、芭蕉箐沟、陶家小河、安乐沟、小石洞沟、司马沟、老干沟、瓦房沟、汪家箐沟、热水塘沟、洪沙沟、大桥河等18条泥石流沟，大部分得到了较好的治理，近几年内已经转变为山洪型、坡面型小型的稀性泥石流，近期一般不会暴发成灾的泥石流，目前属于一般危害的沟道。

黑水河、达德河、腊利河、石羊沟、深沟、祝国寺沟、田坝干沟等7条泥石流沟，均进行了多年的综合治理，松散固体物源基本稳定、生态环境逐渐恢复，近期发生泥石流的可能性很小，目前属于较安全沟道。

(2)主河道的泥石流评价

属于中山平坝非泥石流活动区的功山—蛮营洼(约6 km)的响水河段基本没有泥石流问题，选线不受此因素制约。

属于高中山峡谷泥石流弱活动区的蛮营洼—徐家地(约8 km)的

夹马槽河段基本避开了泥石流问题，建设期间可能会形成人为泥石流。

属于高山深切割河谷泥石流强活动区的徐家地—小坡头（约 6 km）的岔河河段，小型坡面易形成泥石流灾害，区域范围内容易被扰动成泥石流活动区。

属于高山宽谷泥石流极强活动区的小坡头—磨碑（约 6 km）的阿旺河段、磨碑—小白泥沟（约 4 km）的小白泥沟河段、小白泥沟—大白泥沟（约 3 km）的大白泥沟河段、大白泥沟—东川南（约 6 km）的木树朗河段，属于泥石流较大危害地区，人工防范力度有限。

属于高山宽谷盆地泥石流强活动区的东川南—东川北（约 10 km）的东川城区河段，属于泥石流通过段。

本段沟内泥石流对河床和周边生存条件的改变，最主要的是突发性的泥石流高强度的迅速淤积和流失，对工程的牵拉作用非常强烈。

小江活动断裂带断口内的活动性最终反应在泥石流的频发和猛烈程度上，长远的看，人为活动改变不了泥石流的自然运动规律，待建工程需顺其自然或避让其生长势头。

6.8　各主要泥石流沟附图

大白河本身是一条沟谷型泥石流沟，每年泥石流注入固体物质 $500\times10^4\sim600\times10^4$ t，小江河床每年平均上涨 23 cm，某些沟口一次性最大抬升高度可达 20~30 m。

大型泥石流沟 2 条，中型泥石流沟 14 条，小型泥石流沟 23 条。如图 6-20~图 6-25 所示。

图 6-20　大白泥沟泥石流堆积区

图 6-21　大白泥沟及小白泥沟泥石流影像图

图 6-22　大白泥沟泥石流流通区

图 6-23　大白泥沟端部泥石流物源区

图 6-24　小白泥沟泥石流

图 6-25　老鹰箐泥石流沟现状

7 小江断裂带断口内已有大型土木工程受灾状况

小江断裂带内已有的大型土木工程经过长期运营和工程寿命自然衰减后,会显示出不同于一般地区内工程病害特性和大型灾害,折射出区内地震和活动断裂带断口内地质灾害对工程稳定性、可靠性、抗震安全性的影响。区内已有的大型土木工程由地震产生的病害对待建的高速公路、高铁设计和建设都具有借鉴作用。既有的东川铁路支线,经过近60年的建设及运营改造,留下了丰富翔实的地质灾害和工程整治资料,显示出强地震活动区内的灾害程度,及地震衍生灾害(活动断裂带断口内地质灾害)对工程的长期影响。

以下对区内不同类型工程的病害及运营状况做一简介,并以此说明活动断裂带断口内地质活动以及对大型工程的影响。

7.1 东川支线铁路

7.1.1 工程和运营概况

东川铁路支线线路走向与小江断裂带东支形成的断口有53 km长的范围重合,并与待建的功东高速公路并行或交叠。

东川铁路支线南起贵昆铁路塘子站,沿牛栏江水系北上,经寻甸县城,越天生桥垭口(金沙江支流小江与牛栏江分水岭)进入小江流域,沿大白河河谷而下，过东川的市区（即新村）、三江口，过小江大桥至浪田坝，全长98.8 km。铁路等级为“工业企业Ⅲ级单线铁路”，内燃机车牵引。

该线1957年开始勘测设计，1958年7月动工修建，建设期持续6年。

在建期间，该铁路在小江断裂带断口内共跨越了86条泥石流沟，建桥56座、涵洞23座，隧道、明洞各1座。

1957年在设计期间该线是按照不考虑地震设防设计的，后期整治阶段也按照地震不设防考虑。原设计使用年限为100年，建设期后期降低到30年。

东川铁路支线自建设初期至21世纪初的约60年内，进行过多次大规模改造，但是建设标准低，小半径曲线和大纵坡较多，桥梁路基被泥石流冲毁或掩埋，行车速度较低，大部分区段只有45 km/h的允许速度。改造线路超过线路总长的三分之一，有些段落多次改建，累计多次叠加后线路改造长度约为全线总长的一半以上。自通车后，运量不足，基本每年都有中断状况，整个运营期间该线尚不能保证雨季正常运营。每日开行货车3～5对，客车1对。年发送约20×10^4 t，近期达到30×10^4 t。每年防洪季开始至年底，塘子站至响水站区间白天通车，响水区间至浪田坝全天停运。

近几年出现过2次长时段的停运状况：2009年4月原铁道部将东川铁路支线列为病害铁路整治，并全线停运。经地方政府协调并实施改造，2009年8月有条件的恢复运营，每周三“检修”停运1 d，正常运行时，每天往返一趟列车，共6节车厢；2012年雨季过后，该线停运118 d，恢复运行后，东川场装车将按照每天14车组织，较以往新增7节车厢。

目前，东川支线每天只开行一对货物列车，每趟列车7节车厢，取消了客运。

1957年12月12日国家计委提出该线造价控制在每公里20.0万元以内；实际工程造价设计为每公里36.7万元，全部工程投资6 700万元（1966年）；通车时每公里增加到102万元，最后总投资为9 800万元（1973年）。东川铁路支线自修建以来，因泥石流灾害已造成6 000万元的损失，铁路几乎完全报废。

7.1.2 地质灾害状况

东川铁路支线线路布设在小江断裂带断口内,特殊的地质构造,极端的地震环境,造就了活跃复杂的地质现象,断裂带两侧每年雨季频发不同规模的塌方、滑坡、洪水、泥石流,对该条铁路造成了极大危害,是全国铁路最为严重的地质病害线路。

东川铁路支线的建设期间恰逢东川 6.5 级地震(1966 年)的发生,该线的建设期和运营期均处于地震后的断口地质活跃期内,断裂带内的地质灾害和线路工程的破坏程度反映出震后的断口内地质灾害特征和工程承受能力。

该铁路自诞生之日起,承受的最大地质灾害就是沿线数十条支沟泥石流的冲击。多逢雨季,各沟口泥石流形成冲积扇,河道淤积、变迁频繁。一些支沟发生泥石洪流可使沟口一次堆积淤高 4~5 m,并延伸至主沟干流,形成堰塞湖,迫使干流改道,冲刷河岸、路基边坡,造成垮岸、崩堤、路基掏空,淘深 2~3 m。

该线每次病害整治都只能起到暂时缓解的作用,且效果有限,每逢雨季仍会发生病害,严重危及行车安全和线路通畅。近几年来线路所遇到的灾害如图 7-1~图 7-5 所示。

图 7-1　水毁道床

图 7-2　危岩落石上道

图 7-3　河岸冲刷

图 7-4 泥石流病害

图 7-5 坪子地处主沟泥石流物质堆积体已高过东川铁路支线

(1)建设期的灾害和损失情况

1958 年设计、建设该线时,线路选择为沿大白河、小江河谷的低位方案。如图 7-6、图 7-7 所示。开工后的 1959 年、1960 年连续两次泥石流灾害,线路即受到洪水、泥石流的冲毁,河道抬升,几次复工后,对受灾的线路进行了改线或修改整治,并对尚未施工的段落进行了线路优化,引起大量的废弃工程。约在 1972 年快建成时,经工程评估及线路各段工程所要承受的泥石流频度、强度和河床变化压力,意识到将该工程的设计服务年限不会长久,不得不由百年改为 30 年,降幅巨大。工程造价由每公里 36.7 万元增加到 102 万元(1972 年)。

图 7-6 岭部地区的东川铁路支线线位

图 7-7 河谷地带东川铁路支线线位

最为典型的是老干沟沟口(位于 K72 处)在建设期内的线路演变过程:改移线路,将沟口外的线路改到沟口内,并由路基工程改为 3 孔 12 m 的钢混桥,桥净空高度 10 m,另在大里程端增建 1 座 198 m 长的隧道;后来桥下产生淤积,清除桥下淤积,致使桥下净高变为 8 m,以抵抗突发性淤积;后桥基被掏空,又将该桥变为 7 孔 12 m 大桥;1961 年泥石流淤埋至墩台帽顶,随即把桥改为路堤,进而再改为路堑,靠推土机维持运营。1969 年泥石流淹没路堑。1970 年将路堑改为 100 m 的明洞与原老干沟隧道相接成为一个隧道。实践证明并没有彻底解决问题，例如 1985 年泥石流，老干沟隧道变成了大白河过水通道，洪水冲垮隧道边墙多处。

该沟处的工程类别整个演变过程为：3 孔跨中桥→7 孔跨大桥→桥梁掩埋，常年清淤→增设隧道→隧道淤泥→大桥→路堤→路堑→增设明洞→连接成一座隧道。隧道工程不再承受横向支沟泥石流的侵害，但成为纵向主沟大白河洪水的过水通道，此后年年雨季清淤。原因是主河床抬高迅速，老干沟内的泥石流冲积扇无法及时冲走、卸载容量，造成沟口段的河床高程短时间内迅速提高，河床下泄能力减弱，淤积增强。单沟内的泥石流量只是淤积的一个因素，主河床的下泄能力亦很重要。

(2)运营期间铁路病害及整治简况

运营以来至 1986 年，共发生泥石流 485 次，中断行车 514 d 又18 h，抢险整治费达 1 080 万元。尤其 1985 年 6 月 24、26 日和 7 月 2 日、25 日四场大泥石流灾害，先后冲垮淤埋桥梁 8 座、隧道 4 座、路基 18 处，线路 16 处，通信信号 14 处，车站 1 处，造成损失估算约 1 400 万元(1985 年)，初步计算响水河至东川简易修复、维持干季通车将耗资 250 万元(1985 年)，1985 年泥石流灾害还造成了大部分桥涵丧失排泄泥石流能力。到 1990 年，龙头山到木树郎(K54~K76)、大桥河至浪田坝(K87~K96)铁路实际已经瘫痪。

运营期间该铁路的病害及整治大致情况见表 7-1，另介绍几个其他典型工点受害情况(姚一江)。

①多牛隧道

原设计为小桥，1960 年被泥石流掩埋后由小桥改为明洞，改线后与前后两个隧道连成一个 1 612 m 长的隧道。该隧道不仅平面有 4 个弯道，且傍山浅埋，又受河对岸大白泥沟的冲刷，隧道壁受侧蚀，遗留了后患。

②拖沓沟泥石流

1958 年设计和修建的 3 孔 16 m 中桥，1960 年泥石流冲毁桥台和部分路堤后被迫改为 6 孔 16 m 大桥。1961 年大白河直冲保护桥墩的洪积扇，使洪积扇后退 17 m，大桥与基础均出现险情。1980 年泥石流没及梁

表 7-1　大白河—小江段内和东川铁路支线地质灾害明细表

序号	时期	时间	地震	雨水丰年期	泥石流灾害			
					灾害描述	大修路基和桥梁（件）	大修隧道（件）	清除泥石流（万 m^3）
1		1902			小白泥沟泥石流堵塞大白河			
2		1911	10 月 18 日，会泽—巧家 5.5 级					
3		1919			蒋家沟泥石流堵塞大白河			
4		1930	5 月 15 日，巧家 5.75 级					
5		1933			大白泥沟泥石流堵塞大白河			
6		1936	8 月 17 日，会泽—巧家 5.5 级					
7		1937			蒋家沟泥石流堵塞大白河			
8		1949			蒋家沟泥石流堵塞大白河			
9		1954			蒋家沟泥石流堵塞大白河			
10		1957			小白泥沟泥石流堵塞大白河；大白泥沟泥石流堵塞大白河			

续上表

序号	时期	时间	地震	雨水丰年期	泥石流灾害			
					灾害描述	大修路基和桥梁(件)	大修隧道(件)	清除泥石流(万 m^3)
11	东川铁路支线建设期	1958			东川铁路支线开始设计兴建;1958~1964 年,因整治泥石流病害先后共投资 6 000 万元			
12		1959			雨季后桥梁被泥石流淤没;6 月,暴雨泥石流冲毁路基土石方共 18.95 万 m^3,岔河中桥一次淤高 4.6 m;8 月,修改设计线路,内移后,另建 3 孔 12 m 的钢混桥,桥下净空 7 m,并开挖老干沟河槽使桥下净空达 8 m,并在下行端增建 1 座 198 m 隧道			
13		1960.07			遭老干沟洪水冲刷,老干沟大桥上行端桥基被掏空,将续建的 4 孔12 m 的钢混桥变为 7 孔 12 m 大桥;龙头山 1 号中桥河床一次淤高 4.5 m;500+31 谷架桥一次淤高 7.8 m;岔河中桥、581 大桥一次淤高至墩颈			

续上表

序号	时期	时间	地震	雨水丰年期	泥石流灾害			
					灾害描述	大修路基和桥梁(件)	大修隧道(件)	清除泥石流(万 m^3)
14	东川铁路支线建设期	1961 雨季			蒋家沟泥石流堵塞大白河;老干沟泥石流淹没桥面,并灌入隧道内 20 余米。此后年年雨季清淤,路堤逐渐变为路堑			
15		1962			1962~1964 年,因泥石流报废涵洞 24 座;加高桥梁 14 座;报废路基土石方 10.7 万 m^3	55		
16		1963			小白泥沟泥石流堵塞大白河			
17		1964			蒋家沟泥石流堵塞大白河;3 月铁 1 师 2 团进入工地复工。经调查,大白河沿线工程大部被毁失效,被迫采取改线、改建、提坡等设施达 60 多段,67.8 km。并新增老干沟、发窝隧道工程	64	2	

续上表

序号	时期	时间	地震	雨水丰年期	泥石流灾害			
					灾害描述	大修路基和桥梁(件)	大修隧道(件)	清除泥石流(万 m^3)
18	东川铁路支线建设期	1966	2月5日,东川地震,6.5级;2月13日,东川地震,6.2级;2月18日,东川地震,5级		当年泥石流发展普遍加剧,又导致该区域泥石流活动的新高潮。小江河床发生明显的升降差异运动,在右侧山坡形成平行小江的梯级断裂,导致山体大规模的重力侵蚀作用。蒋家沟在当年就暴发了17次泥石流,其中一次泥石流历时80 h。蒋家沟内门前沟北坡子地大滑坡60万 m^3 土石堵塞沟床,并形成44 m高的天然堆土坝,上游积水成湖,当年雨季时溃坝,发生了一次特大泥石流。又如老干沟,1962年沟内松散固体物储量只有40万 m^3,1966年强震后,老干沟下游左侧山体开裂,产生大滑坡,松散固体物质储量增至200万 m^3;1962~1969年大桥顶帽以上堆积物高度约为12 m,不得不改建明洞;1991年沟内松散固体物质储量已增至1 360万 m^3。1966年东川地震使大梨树滑坡整体滑动数米,在1986年10月4日该滑坡复活,总滑量达228万 m^3			

续上表

序号	时期	时间	地震	雨水丰年期	泥石流灾害			
					灾害描述	大修路基和桥梁(件)	大修隧道(件)	清除泥石流(万 m^3)
19	东川铁路支线建设期	1967	4月24日东川以北地震,4级					
20		1970			在隧道进口端即原大桥桥址上接长明洞100 m,原7孔12 m大桥全部为明洞(总长298 m)取代。至20世纪80年代明洞完全被淤埋	2	2	
21		1971			泥石流次数21次,中断行车15 h			
22		1972			泥石流次数43次,中断行车49 d	8		2.74
23		1973			泥石流次数23次,中断行车1.5 h	11		
24	东川铁路支线运营期间	1974			泥石流次数18次,中断行车2.2 d	12		3.5
25		1975			泥石流次数18次,中断行车10.3 h	10		
26		1976	9月14日,东川西北地震,4.1级		泥石流次数15次,中断行车49 d	12		4.5

续上表

序号	时期	时间	地震	雨水丰年期	泥石流灾害			
					灾害描述	大修路基和桥梁(件)	大修隧道(件)	清除泥石流(万 m^3)
27	东川铁路支线运营期间	1977	6月10日,东川地震,4级		泥石流次数25次,中断行车2.5 d	11		4.5
28		1978			泥石流次数9次,中断行车6.5 d	9		5.2
29		1979			泥石流次数78次,中断行车18.7 d	16		3.6
30		1980			泥石流次数30次,中断行车8 h	16		5.7
31		1981			泥石流次数35次,中断行车36.4 d	9		8.5
32		1982			泥石流次数43次,中断行车3.5 d	14		6.95
33		1983			泥石流次数51次,中断行车112.3 d	9		17.11
34		1984			泥石流次数28次,中断行车58 d	3		14.17
35		1985			泥石流次数48次,中断行车75 d;小白泥沟泥石流堵塞大白河;大白泥沟泥石流堵塞大白河;石门坎二号隧道、多牛隧道灌入泥石流;老干沟隧道内泥石深4 m,路基、桥梁共直接经济损失245.6万元	245		

续上表

序号	时期	时间	地震	雨水丰年期	泥石流灾害			
					灾害描述	大修路基和桥梁(件)	大修隧道(件)	清除泥石流(万 m^3)
36	东川铁路支线运营期间	1996	6月25日，东川地震，6.5级					
37		1997			东川至浪田坝段约16 km线路被泥石流冲毁、掩埋后，该段铁路停运报废			
38		2009			原铁道部将东川支线列为病害铁路整治，2009年4月全线停运。经省、市、区多方协调，2009年8月恢复运营。每周三“检修”停运1 d。正常运行的时候，每天往返一趟列车，共6节车厢			
39		2012			停运118 d，12月26日，东川铁路支线恢复运行，东川场装车将按照每天14车组织，较以往新增7车			
40		2013						

底,泥浆漫过钢轨中断行车。1985 年泥石流冲走第 6 孔梁,其中一片梁被冲至桥下游 60~80 m 处。

③龙头山 3 号隧道

1959 年泥石流将改河地段的路堤全部冲毁,河槽改归故道后,改为增设两座大桥。1960 年雨季路堤再度被冲毁,河床一次淤高 4. 2 m,桥墩几乎被淹没。1964 年将线路移向靠山侧,以长 582 m 隧道通过。但 1985 年泥石流进入隧道内,仍然造成损失,问题没有彻底解决。

可知,东川铁路支线在建设期和运营期间遇到的主要灾害为泥石流的直接冲毁和掩埋。

(3)泥石流对该铁路的危害

对东川铁路支线的考察及历年来的灾害统计,东川泥石流对铁路的危害形式主要有冲刷、淤积、漫流、改道、撞击、磨蚀、泥位爬高、压迫河床、切割山体、堵河阻水引起河床急剧上涨等多种形式,如图 7-8 ~ 图 7-10 所示。

图 7-8　泥石流过后形成的台地

该线全线平均每 1. 1 km 就有一条泥石流沟,若自响水至浪田坝段统计,则每 0. 68 km 就有一条泥石流沟,并且,小江流域较大的泥石流沟已由 20 世纪 50 年代的 38 条发展到 1989 年的 107 条。每逢雨季,在大白

图 7-9　大白河河谷内状况

图 7-10　大白河河口状况

河中、下游和小江两岸时有堵江、堵流现象。

东川泥石流的暴发时间具有强烈的季节性。泥石流灾害最早出现在5月，最晚可到9月，7月是最高峰，每年中断行车3~6个月。自20世纪70年代末期，龙头山(K54)以后的区段大部分构筑物都已失去了抵抗泥石流的能力，铁路多处工点十分脆弱，目前已濒于废弃。东川铁路已经陷入严重的泥石流灾害困境，自通车以来，每年按照灾害—抢险—通车—灾害循环维持。

设计线位较低,当时考虑线位能够抵抗大白河—小江河百年一遇洪水位,以当时河床高程为基准进行展线,没能预估到区域内泥石流的强大危害性,河床迅速上涨成为控制铁路使用寿命的最大关键点。

据昆明铁路局统计,泥石流灾害逐年加重,1971~1978 年,共发生泥石流 173 次,中断行车 106 d,大修桥隧路基 73 件,1979~1985 年,共发生泥石流 313 次,中断行车 402 d,大修桥隧路基 312 件。仅 1985 年雨季,就发生泥石流 48 次,中断行车 175 d,直接损失费高达 1 605 万元。泥石流发展呈增长趋势。

大桥河至小江桥长约 10 km 为线路中承受泥石流灾害最为严重的段落,期间主沟较为狭窄,泥石流淤积和冲刷能力较强,支沟又有小白泥沟和老干沟不断的泥石流补给和冲高堵江。此段铁路原高出河床5~6 m,在 13 年内(1958~1970 年)被河床上涨淤埋废弃,将线路抬高后于 1971 年又重建通车。据当时记录:1964 年该段线路尚高出河床 15 m 左右,1965 年已被河床上涨淤埋 6 m 左右。

1985 年暴发的一次性强烈泥石流将多牛隧道出口及老干沟隧道埋入河床面以下 6 m 左右。线路对岸的小白泥沟泥石流冲上路基约 1~2 m。石门坎 1 号隧道、石门坎 2 号隧道、龙头山 3 号隧道、姑海车站和石门坎 2 号隧道,陆续几年又被泥石流封堵。后来河床下切,水位下降,又维持了几年运营。这段河床自 1966 年至 1985 年以来,平均涨幅约为 1.0 m/a,突发性一次性上涨最高值为 21 m(1965 年,多牛隧道至老干沟段,长度约 10 km)。1985~2015 年,平均涨幅约为 1.2 m/a。

在山谷窄沟地段的桥涵、路基已丧失抗洪能力,到 1985 年已基本丧失功能,更经受不起泥石流沟的危害。另外,山谷内所有涵洞在 20 世纪 70 年代末已经全部堵塞掩埋,如图 7-11 所示。泥石流对桥梁工程的影响是桥下的过水能力减弱或丧失、对桥墩的冲推、单向侧压力、倾覆破坏作用、对梁体的冲毁破坏。

2016 年,为满足东川现在和将来的货运需求,将对东川支线 K39~K81 病害严重段进行改线,利用前后段落进行病害治理的改造方案。该

图 7-11　东川铁路支线被堵塞的涵洞图

改造方案线路全长 92. 599 km,其中新建线路 38. 259 km,利用既有线路 54. 34 km,投资估算约 28. 051 亿元。改线段位于峡谷、窄沟、支沟泥石流体量大的地段,主要以抬高线位、设置隧道为手段避免河床的抬高和泥石流的冲刷;对于盆地内的线路,主要以旧线改造。如图 7-12 所示。

东川铁路支线泥石流灾害是活动断裂带断口地灾中的终极体现:固体物质来自主沟两盘上的滑塌体和各个支沟的活动演变;本沟谷有较大的汇水面积,充足的下泄坡度。图 7-13 为主沟部分段落两岸坡面剥蚀情况。

突发性泥石流是摧毁工程的主要灾害;年平均涨幅是工程长久性、安全性、稳定性、工程服务年限的制约条件;泥石流的迸发期与地震活动有很大的关联性;主沟两岸岩体滑塌也是泥石流物质补给的主要来源。

全线构筑物的破坏和使用寿命的缩减,主要是断口内地灾的影响,在地震直接破坏之前,是被活动断裂带衍生出来的灾害毁灭的。地震按概率来预判破坏时间段和结构抗震强度,是针对某个时间点的防范,而断口内地灾是全程有待控制的因素。活动断裂带断口内的地质灾害是巨大的。

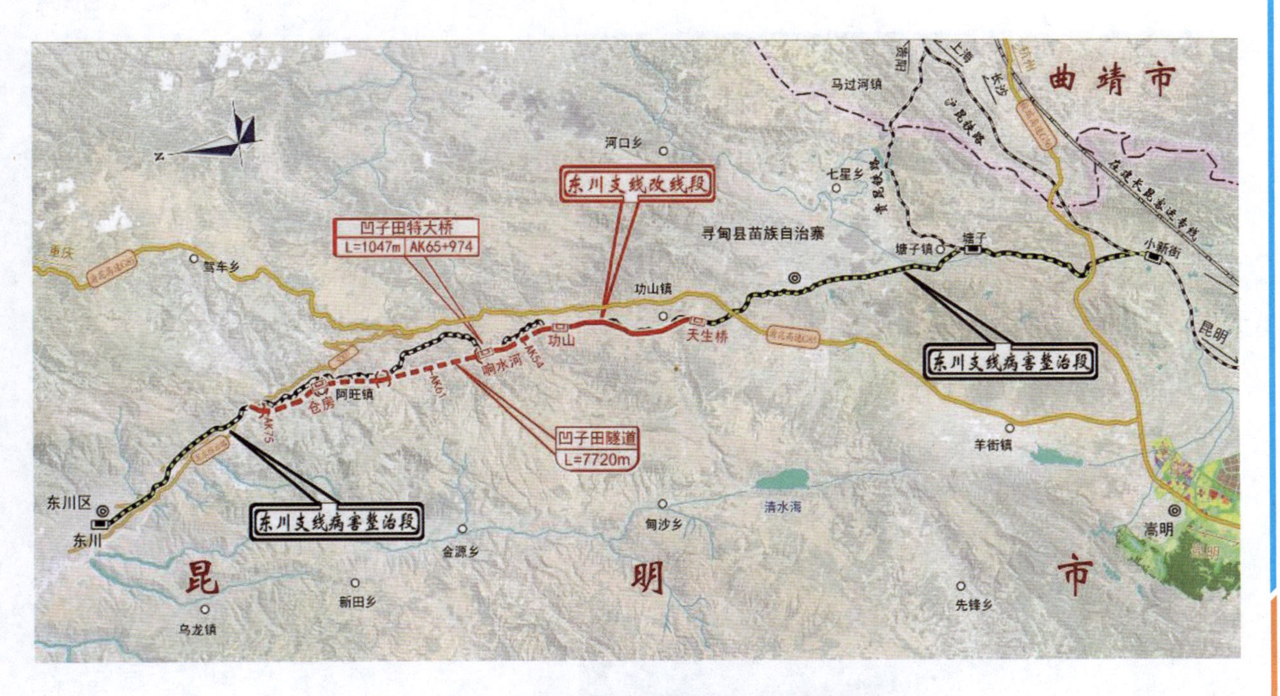

图7-12　2016年东川铁路支线改造方案线路图

图 7-13　小江断裂带攻山至东川段局部主沟两侧坡面剥蚀地貌

7.2　区内其他交通工程

7.2.1　区内既有公路与小江断裂带的位置关系

与小江断裂带断口相关的公路主要有京昆高速公路、渝昆高速公路、S209 省道、G108 国道、G213 国道、S207 省道、龙东格二级公路。各交通工程的位置如图 7-14～图 7-16 所示。

(1)京昆高速公路

在寻甸附近横穿小江断裂带的东支。

(2)渝昆高速公路待补至功山段路线全长 65.440 km。全线采用双向四车道高速公路标准,设计行车速度为 80 km/h,路基宽 24.5 m。自待

图 7-14　小江断裂带附近各交通工程的位置图一

补镇由北向南慢慢接近小江断裂带东支，在阿旺镇附近与断裂带并行，行走在断裂带上的一段相对狭窄的峡谷上方山体之上。

(3)省道 S209 大部分位于阿旺镇至东川市区的断裂带上较宽的峡谷内，本段路线基本与断裂带重合，为三级公路。

(4)G108 国道

G108 国道在云南境内 256. 5 km，途径楚雄彝族自治区和昆明市，楚雄境内道路等级为四级公路，道路长度 182. 5 km ；昆明市境内道路等级为二级公路，长 74 km。该段接近于小江断裂带内。

(5)G213 国道

G213 国道在云南境内 1 518 km，途径昭通、曲靖、昆明、玉溪、普洱、

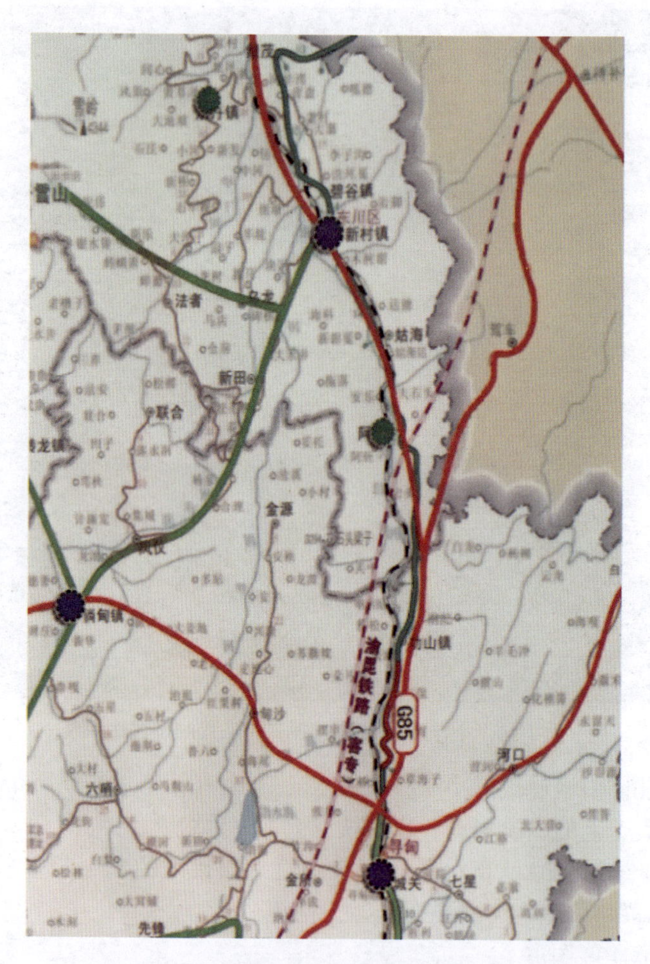

图 7-15　小江断裂带附近各交通工程的位置图二

西双版纳。

G213 国道昭通段道路等级偏低，以三级、等外公路为主，其中等外公路 163 km，三级公路 138 km；曲靖段则以四级公路为主，道路里程 196 km；昆明段四级公路里程 89 km，高速公路里程 199 km。

图 7-16　小江断裂带附近各交通工程的位置图三

(6) S207 省道

207 省道起于会泽县，途径东川区、寻甸，止于宜良，全长208. 4 km，是云南东部地区一条重要的南北向干线公路，也是东川区主要的出行通道，207 省道道路等级偏低，为三级公路标准。

(7) 龙东格二级公路

龙东格二级公路于 2007 年 8 月 7 日通车，起于嵩待高速公路龙潭立交桥，经东川止于格勒村，全长 96. 5 km，道路处于三级服务水平。部分段落位于小江断裂带东支沟谷内。其线路与周边地质关系如图 7-17 ~ 图 7-20 所示。

图 7-17　龙东格公路小白泥沟大桥图

图 7-18　小白泥沟口距桥梁的距离图

7.2.2　区内既有铁路、待建铁路与小江断裂带的位置关系

除了东川铁路支线外，贵昆、成昆、内昆、南昆铁路大致是从东部方向或东北部方向进入云南，基本都斜交于小江断裂带，如图 7-15 所示。呈现出来的是在何处穿越断裂带的问题，以及地震设防烈度的问题。图 7-21为行走在断口内的成昆铁路。

图 7-19 宽谷地带的龙东格公路桥梁图

图 7-20 龙东格公路横跨大白泥沟大桥

待建渝昆铁路客运专线在阿旺镇附近跨越小江断裂带，而后穿越窄谷区内的山体，与断裂带平行，部分线路位于活动断裂带断口内。

图 7-21　行走在断口内的成昆铁路

7.3　区内水库工程

(1)水井山水库

水井山水库位于东川区拖布卡镇与因民镇交界处,即水井山村所在地——水井山沟中上游,属金沙江水系一级支流,海拔 2 410 m,距拖布卡镇 18 km,距东川城区约 70 km。属小(一)型水库,总库容 243.1 万 m^3,估算总投资为 1.33 亿元,计划工期 36 个月。水库建成后可解决拖布卡全镇 2.97 万人的人畜饮用和 1.9 万亩耕地的生产用水。要求 2016 年底前建成拖布卡镇最大的水库水井山水库。

(2)坝塘水库

坝塘水库工程位于东川区乌龙乡,是一项跨流域引水、蓄水和供水的中型水利工程,库区距离东川城区 5 km,工程取用水源为小江支流小清河山涧河流,水源发源地为海拔 4 344 m 的轿子雪山。从小清河箐水地筑 5.5 m 取水坝,沿途经 4 座隧洞 10 890 m、两段跌水 1 270 m、明渠 3 900 m、渡槽 60 m,引水 4 m^3/s 进入库区,利用天然库盆防渗处理后蓄水1 841 m^3，经979 m隧洞及3 968 m钢管倒虹引流2.68 m^3/s跨过小江进入灌区。

坝塘水库工程由引水工程、蓄水工程、输水工程和移民安置工程四部分组成。工程等别为3等，主要建筑物为3级，引水系统建筑物及取水坝为4级，临时工程为5级。工程抗震设防烈度为9度。引水工程由隧洞、渠道、跌水组成，全长16.12 km，设计引水流量4 m^3/s。蓄水工程总库容1 841万m^3，正常蓄水位1 584.49 m，最大防渗压力水头28 m。输水工程由有压隧洞、倒虹吸管组成，全长4 946.91 m，设计过水流量2.68 m^3/s。

(3)清水海引水工程

清水海引水工程是在天然湖泊清水海的湖口(溢出口)建坝，扩大湖泊容量，形成调蓄枢纽，坝高12.5 m，湖水位高程2 180 m，最大蓄水深度40 m，湖水容量$1.487\ 8\times10^8\ m^3$。湖口土坝坐落在小江断裂带上，断裂带贯穿清水海湖心。

(4)毛家村水库

毛家村水库是礼河梯级电站的龙头水库，滇东北片区会泽县的亚洲第一大土坝，位于金沙江的支流，地处云南省会泽县境内。水库为多年调节水库，大坝为碾压式黏土心墙土坝。

除了清水海引水工程的坝体位于主断裂带上，其他水库坝体均位于小江断裂带的支沟内，与主断裂带有一定的距离，都在承受着次级横向断裂带断口地震和地形蠕变的困扰。

7.4　小　　结

(1)纵向布置在活动断裂带断口内的工程，受损程度要远远高于邻近断裂带平行行走的工程。

(2)在活动断裂带上游的线路工程要比中下游的损失小，上游垭口地表的活动性不及中下游的高临空带。

(3)断口内平时的活动性地灾反应度要高于地震，在地震发生之前，沟内蠕变地灾已经使工程受损。

(4)泥石流是活动断裂带断口活动性的终极表现。

(5)活动断裂带断口内的地灾规模可能会超出人们的认识程度。

(6)公路工程等级越高,避绕主河道(泥石流通路)的能力越低,承受主沟泥石流冲刷的能力越低,特别是不得不布置在河道内的互通立交工程。低等级公路可以尽量顺地形展线,但线状工程都无法避开支沟泥石流的冲刷。

(7)目前还是有些工程已经重合坐落在活动断裂带上,说明项目在立项否定机制上不健全。

8 小江活动断裂带功山至东川段断口内的地质评价

拟建公路线路全线布置在活动断裂带断口内，与大白河（上游又叫响水河）、东川铁路支线近于平行布线，分别10次和6次跨越大白河及东川铁路专线。活动断裂带两盘内大小冲沟64条，拟建公路将跨越大白河冲沟26条，其中形成泥石流沟的有17条。全线与“滑崩流”相扰，且无法避绕，跨越活动断裂带横向次级断裂带的沟口，全线构筑物承受着断裂带的蠕变活动、碎石堆积体的推拉、不稳定坡体的滑动、偶发的地震活动等作用。路线布设在沟心西侧的盘体脚下，属于主动盘内，相对蠕滑位移要大于东侧盘体，另外，盘内主要的几条泥石流沟形成横向闭锁需要跨越。整条线路均高于东川铁路支线，每次交会时都是以桥梁跨越铁路的方式通过，线路高程上避免了东川铁路支线原有低方案布线的不足，但路线高程范围内的工程对活动断裂带内“滑崩流”的直接扰动由坡脚改在了坡体上，大部分工程可以直接避让泥石流，但桥墩和互通立交还是无法回避。

配合着工程的扰动，在工程的服务年限内需要明确各类地灾的危险性和可控制程度，通过以下调查，一则明白大型活动断裂带断口内地质灾害的复杂密集程度，二则明白工程在此类断口内所要承受的风险。

8.1 功山至东川高速公路工程概况

路线全长约50.4 km，设计行车速度80 km/h，汽车荷载等级公路－Ⅰ

级,路基宽度 24. 5 m。全线设计主要建构筑物有:

(1)桥梁 64 座,计 15. 612 km,占线路全长的 31. 22%。其中:特大桥 2 座计 3. 3 km,大桥 47 座计 11. 2 km,中桥 15 座计 1. 1 km,涵洞 70 座。

(2)隧道 14 座,计 17. 977 km,占线路全长的 35. 95%。其中:特长隧道 1 座计 3. 9 km,长隧道 3 座计 7. 985 km,中短隧道 10 座计 6. 0 km。

(3)半挖半填路基工程 16. 8 km, 占线路全长的 33. 65%。

拟建公路概预算总造价约为 67 亿元,其中建安费约 52. 60 亿元,平均每公里造价约 1. 3 亿元,平均每公里建安费约 1. 04 亿元,比一般山区高速公路造价高出 2~3 倍。

8. 2　地形地貌

功山至东川段属滇东高原,受区域构造控制,河流、山脉走向近南北走向。区域地貌为深切割的高中山峡谷地貌类型,以河谷盆地为中心,高中山纵列东西。东部为乌蒙山系,西部为拱王山系,断口内最高点位于北部的牯牛寨海拔 4 017. 3 m,最低点东川区铜都镇海拔1 100 m,高差 2 917 m。

区内地貌景观差异明显。主要受构造、侵蚀、剥蚀、岩溶以及堆积作用等控制。根据地貌成因与形态相结合的原则,将本区断口内地貌分为:构造侵蚀地貌、构造侵蚀溶蚀地貌及河谷盆地堆积地貌三种类型,如图 8-1 所示。

图 8-1　区域综合交通路线及地貌图

项目区地貌主要受活动断裂带的构造侵蚀和堆积作用控制，总体呈高中山峡谷地形，拟建公路区以断口内堆积地貌为主。起点段至中段位于寻甸县功山镇境内，地貌类型属构造侵蚀溶蚀中山地形为主，地形起伏较大，起点段相对平缓。线路中段至终点位于东川区境内，地貌属高中山峡谷，其主要特征是岭、谷呈南北向相间展布，山高谷深，多数路段地势陡峻，坡度大于35°的陡坡较多。

区内大白河两岸大部分地区，以深切割高中山地形为主。断口内地貌类型严格受地质构造、地层岩性及其垮塌控制，地形切割密度大，垅状地形起伏，地形坡度一般30°~40°，河谷两岸大都存在大于40°的陡边坡。两岸有多级剥蚀面及阶地发育，大都呈不对称的多级平台的河(沟)谷地形，山坡不稳定，崩塌、滑坡及不稳定斜坡多见，是小江流域主要的泥石流分布区。如大白河阿旺镇地段，如图8-2所示。

图8-2　大白河阿旺镇地段构造侵蚀地貌

8.3　工程地质条件

区内地层碎屑岩以泥岩、长石石英砂岩、粉砂岩、页岩为主并有玄武岩，岩体挤压强烈，尤其泥岩、页岩及玄武岩易于脱落。砂岩、粉砂岩抗剪切能力强，表现为差异风化，斜坡上砂岩、粉砂岩突兀，泥岩、页岩呈凹槽。脱落体风化带呈土状、粒状和碎块状，厚度因地形变化不同，一般0~3 m。密集发育裂隙，岩体破碎呈碎块状，裂隙中常见泥质充填，厚5~20 m；正在发育的裂隙，岩体呈块状，裂隙中一般未充填或少量泥质充填，厚约10～30 m；初始发育的裂隙，岩石破碎，岩石完整性差，在降雨时极易引发崩塌、滑坡、滚石、掉块等地质灾害。

区内岩体挤压裂隙程度高的为玄武岩，破碎厚度一般20～30 m，最厚大于50 m，呈碎裂散体结构，形成的边坡稳定性差，在雨水汇流极易形成现代冲沟，是区内泥石流主要物源区之一。如白泥沟等几条主要泥石流沟，上游均大面积分布全～强风化玄武岩（图8-3、图8-4）。

图8-3　大白河上游玄武岩出露

图8-4　白泥沟上游玄武岩出露

碳酸岩破碎的比较特殊,部分地段浅部为全风化红黏土层,裸露基岩表面附薄膜状坡积体,岩石较为完整。如图 8-5 所示。

图 8-5 中游地貌特征图

8.4 地质灾害危险性现状

断口内现状地质灾害类型主要有滑坡、崩塌、泥石流,其次为潜在不稳定斜坡。初次野外调查共查出工程附近的各类地质灾害点 107 个,其中:滑坡点 61 个,崩塌 1 个,泥石流沟 39 条,潜在不稳定斜坡 6 个。按滑体物质划分:24 个岩质滑坡、37 个土质滑坡;依滑坡成因而论,人为工程活动(弃土、取土、切坡)引发的滑坡 15 个,自然滑坡 46 个。主要集中分布在拟建线路的河流、冲沟两侧以及现有铁路、公路的工程边坡,平均不到 500 m 就有一处地质灾害体,远远超出其他地区线路所能遇到地灾的比例。线路或位于灾害体的下方,或上方,或于灾害体中部穿过,线路再进行优化也无法避让掉以上所有地灾,还会遇到其他尚未发现的同类地灾,可见该断裂带断口内的地灾程度之强烈。本数据尚未提及工程实施后对稳定边坡的再生地灾情况。目前滑坡、崩塌等地灾造成断口内泥石流流失面积 1 199.1 km^2,占全区区内面积的 64.5%。

现状滑坡灾害危险性大的有 22 个,占滑坡总数的 39.3%;危险性中等的有 26 个,占滑坡总数的 42.6%;危险性小的有 11 个,占滑坡总数的

18.1%。对拟建项目公路产生直接危害和影响的滑坡有28个，占滑坡总数的31.1%。产生危害的可能性大，危险性中等~大。

以横向次级断裂带——老干沟为例，可以看出横向断裂带的活动状况：

如图8-6所示，老干沟沟口两岸对称分布，山体坡度较陡坡45°~50°。估算滑坡体方量分别为21×10^4 m^3、18×10^4 m^3，为大型岩质滑坡。后壁滑床坡度约70°，高80~120 m。这是典型的支沟内滑坡，滑坡沿着支沟向沟脑一片片的分布，多呈现出滑塌露面的状态，现状滑坡面相对稳定，但随着主断裂带的运动，既有的裸露滑坡面将会形成新的滑坡体。

图8-6　老干沟沟口两侧滑坡体

这是一个典型的横向次级断裂带的活动迹象，沟口受到挤压，将沟口两侧岩体剪切，应力得以释放，但滑坡现象还会向沟内延伸，沟的宽度呈一定规模后，会向沟头延伸。

工程跨越横向支沟时将会遇到既有泥石流的冲刷；突发性泥石流大量补给、掩埋、推压；平时沟口相对蠕滑位移、应力持续变化；地震时沟口地震力的放大和方向的转换。因此沟口工程是断口内最难处理的。

另外，沿江、顺沟的滑坡规模如图8-7所示，其属于规模较大的滑坡群,为大型岩质滑坡,属 P_2^e强风化玄武岩,规模大,边坡零乱,都由多个滑坡体组成滑坡群,产生的危害性大,治理难度大,工程难以处理。主沟和次沟内都存在这类滑坡。

图 8-7 主断裂带内沿江某处滑坡群

8.5 工程地质条件评价

拟建高速公路沿线穿越地层较多,工程地质条件总体复杂,各段差异很大。其中:

(1)从坚硬~较坚硬碳酸盐岩岩组通过的路段为 17.85 km,占全线的 35.7%,沿线地层产状平缓,局部较陡。地形起伏较大,局部线路沿较陡边坡展布。受断裂带影响,区内岩体破碎,为较软~较坚硬岩组工程区。工程地质条件一般~较好。

(2)从强风化碎裂状玄武岩岩组通过的路段为 17.69 km,占全线的 35.4%,沿线自然山体边坡较陡,地形起伏较大。区内岩体风化强烈,呈碎裂状散体结构,形成的工程边坡不稳定,易产生崩塌、滑坡及不稳定斜坡等,工程地质条件差。

(3)从极软中厚层砂砾岩岩组通过的路段约为 10 km,占全线的 20%,山体边坡较缓,地形起伏不大。砂砾岩土半胶结状态,稳定性相对较差,形成的工程边坡稳定性较差。工程地质条件一般~差。

综上所述,评估区线路工程地质条件总体属复杂类型。这是线路本着避绕地质灾害的情况下,工程不得不所触及的地灾。按照断口内自然统计,则达到的灾害程度和密度将远远高于上述评价。

8.6 断口内地质环境总结

(1)典型的活动断裂带浅层沟谷,且为小江断裂带中最为松散的断口段落中,显示出主断裂带在地表上的反应,沟内主要以两盘山体纵向开裂向沟内滑塌为主要活动趋势。

(2)10 次跨越大白河(沟心),线路与下覆主活动断裂带密切并行,工程与断裂带露头的距离表现在沟心内覆盖层的厚度上。

(3)评估区地貌类型主要为深切割的高中山峡谷地貌类型,相对高差大于 3 000 m,地形坡度一般 25°~35°,局部 40°~50°。地表水系发育,地形切割强烈,起伏变化大。地形地貌条件复杂;功山至东川段河床高差有 1 000 m,上游为断裂带垭口地形,中、下游段为两盘垮塌、河流搬运下泄段。

(4)活动断裂带两盘内大小冲沟 64 条,拟建公路将跨越大白河冲沟 26 条,其中形成泥石流沟的有 17 条。大小型横向次级断裂带是浅层沟谷活动的另一个表现形式,数量不少于 60 条,是线路横跨、穿越需要考虑的地质构造。

(5)沿线出露地层岩性种类多,岩土体性质差异大,基岩破碎程度高,破碎岩体、岩堆的补给程度极为发达。滑塌体密度极高,沿线平均每 800 m 就会出现一处大型滑塌体,平均每 500 m 就会出现一处地质灾害体。远离工程线路的地质滑坡体、崩塌体尚有无数,断口内的活动的地灾体密度远比其他沟谷内的高很多。

(6)地下水类型有孔隙水、岩溶水及裂隙水,水文地质结构复杂。主断裂带和次级断裂带覆盖层内为饱和状含水。

(7)小江多条支流都位于东川市区的下游,与泥石流多发区的攻山至东川段没有直接补给关系,流量小的段落泥石流频发,流量大的下游却相对稳定，下游段一则活动断裂带的活动性没有功山至东川段强烈，二则是断裂带呈笔直走向，次级横向断裂带很少，闭锁段和不规整结构几乎不存在，下游是一段非常稳定的活动断裂带。

(8)评估区地质环境条件复杂程度为“复杂”，如果按照活动断裂带断口内地震活动来定义，可定为“极复杂”。

(9)沟内宽度内，从沟心至山顶，各类坡面、各级台阶、各个隐形滑坡面，都是断口内地震后的不稳定下滑因素，因此整个断口横向宽度范围内都属于断裂带地震破坏力强烈反应区域，要比美国加州所规定的±50 ft(±15 m)避让宽度大得多。断裂带内的沟谷地质多是挤压过、多次垮塌过的。

8.7 工程建设可能遭受地质灾害危险性的预测

交通线路工程主要由路基、隧道、桥梁、互通立交工程组成。

功山至东川公路将由一系列的高挖深填路基构成，区段内挖方路段开挖形成高度在 10 m 以上的边坡有 17 个。引发地质灾害危险性大的有 4 个，引发地质灾害危险性中等~大的有 10 个，引发地质灾害危险性中等的 3 个。被主沟泥石流冲刷的有 21 处。

设计桥梁 40 座，其潜在地质灾害危险性大的有 10 座，潜在地质灾害危险性中等的有 15 座，潜在地质灾害危险性小的有 8 座。直接被泥石流沟横向冲刷的有 8 座，被主沟泥石流顺向冲刷的有 17 座。

隧道工程 10 座，隧道施工诱发滑坡、崩塌及掉块、冒顶、坍塌及涌水等地质灾害可能性中等~大，其产生危害及危险性大的有 7 座，危害及危险性中等的有 3 座。隧道围岩均不同程度地受到过扰动，曾经承受过挤压、滑塌的扰动。

互通立交工程躲不过在主沟布设的方案，均有被主沟泥石流冲垮、掩埋的可能性。

地质灾害危险性综合评估：区段地质环境条件复杂，岩土工程地质性质差，现状地质灾害发育，现状地质灾害危害及危险性中等~大。工程建设加剧、引发并遭受滑坡、崩塌、泥石流等地质灾害的可能性中等~大，危险性中等~大，危害性大。

9 断口内地震安全性评价及工程建议

地震安全评价的目的是将大尺度的断裂束性质细化到工程的影响范围内，将大跨度地质时代长度缩小到工程的使用年限中，将地震共性中的规律落实到某断裂带的地震特性中，从而明确工程的可行性、确定场地地震动参数、确定工程投资的增减幅度、评价地震地质灾害。做到安全、可靠、经济地指导工程实施。

小江活动断裂带沟谷条带是将极近地场地震震动、高频率地震活动、沟谷联震地灾、断裂蠕滑因素集为一体的断口，沿着断裂带断口走向方向沟心内布置交通工程，断口内的地震安全评价有别于远离地震近场地的内容，有别于横跨断裂带工程，有别于现行区划图及地震安全性评价方法体系。

9.1 断口内工程安全评价的主要目的

行走在断口内的交通工程地震安全性评价，由以下三个主要方面控制。研究的对象是具体的某个活动断裂带，具有针对性，同时工程项目类型明确。

功山至东川公路交通线是针对断口内的交通工程，并且研究的是小江活动断裂带东支内的功东至东川段，地震区划图内的内容将被具体化。

1. 明确工程的可行性（否定机制）

在交通工程线路规范、地质规范的起始篇章中都有明确的“地质选线、规避灾害地质”的相关条例，但由于投资政策和偏远地区经济发展的需要，规程、规范对工程可行性的制约能力下降。国家统一发布的地震烈度区划图或者地震动参数区划图，在设计和决策时会过多地注重地震烈度，而回避地震带地质灾害对工程的毁灭性，而且单项工程规范中针对Ⅷ度、Ⅸ度地震烈度又提供了相应的工程措施，从而造成了无论多么强烈的地震，工程都有防范能力这一处理方式。对以往大多数工程而言，因断裂带地震活动性而将工程可行性否定掉的很少，目前只有对核电站有明确的一票否定制，但由于地震、活动断裂带自身的不确定性和段落上的差异性，研究成果总是满足不了判定上的需求，仍会造成选址上的失误，比如日本福岛核电站（受9级特大地震影响放射性物质发生泄露）。因此有些专家多次提出要将回避活动断裂带写入法规，增加否定机制的强制能力。

各类规程、规范以及地震安全评价尚不能完全做到在技术上对工程的否定，否定机制在地震安全评价工作中应该是至关重要的一步。

本项目是一个典型的坐落在很差地震环境中的工程，对于高等级工程需要一个技术上的判定机制，不是单纯地将抗震等级提高到最高。以活动断裂带及其工程所在段落为主体，在地震活动性、地质构造条件、地震地质环境研究的基础上，利用断口、活动断裂束、隐伏活动断裂带露头、预估地表开裂带等表征，和板块运动、发震记录等，来描述地震的可能性和灾难的最大程度，从而对上部大型建筑物做出明确的否定意见。

2. 确定工程投资的增减幅度

线状工程位于断口内，可视近场地距离为0，不存在因距离而消减的地震动，沟心内地震动最大值是明确的。进行地震危险性概率分析时，给出不同超越概率水平的场地基岩地震动参数，尽量因震源沟谷内发震特性提高抗震设防等级，对场地进行地震工程地质条件勘测，测定岩石的力学性质，合成场地基岩地震动时程，建立土层地震反应分析模型，进行场地土层地震反应计算，确定场地地震动参数。断口内的各项参数对抗震设防都是最不利的，工程提高抗震措施、增加投资是必然的。

另一方面，对具体活动断裂带的短时期（工程服务年限）内活动性的判定、断裂带露头覆盖层厚度、两侧坡体稳定性，可将地震烈度降低到一定幅度，反而会低于地震烈度区划图中的数值。

以上二者因素一增一减结合后，才是较为实际的地震烈度，工程的抗震设防程度相应调整，工程投资的增减幅度随着抗震设防等级的调整而变化。

3. 降低工程规模和等级

根据工程类型降低工程规模、等级和服务年限，线状工程顺应自然走向和坡度，避免出现过大的、过多的大型工点，从而降低工程投资，保证工程的可靠性。

上述2、3条综合考虑后，可以确定工程投资的增减幅度。在断口沟谷内，工程的等级越高，工程投资的增减增幅就越大。

9.2 地震安全评价遵循的法律法规

1. 法规和行业规范的要求

目前国内最主要的有关抗震要求的法律法规包括：《中华人民共和国防震减灾法》、《地震安全性评价管理条例》、《建设工程抗震设防要求管理规定》，其中的条目对抗震设防提出了要求，宗旨是需要对震区有必要的认识、对人工建筑物有必要的抗震设防，从国家层面上为人工构筑物的建设设定了前提条件。

在操作层面上主要依据：国家标准《工程场地地震安全性评价》(GB 17741—2005)、《中国地震动参数区划图》(GB 18306—2001)、《建筑抗震设计规范》(GB 50011—2010)、《岩土工程勘察规范》(GB 50021—2009)、《铁路工程抗震设计规范》(GB 50111—2006)、《核电厂抗震设计规范》(GB 50267—1997)、行业推荐性标准比如《公路工程抗震设计规范》(JTJ 044—89)、《公路桥梁抗震设计细则》(JTG/TB 02-01—2008)、《水电工程防震抗震设计规范》(NB 35057—2015)，或者其他行业内的相关抗震规范。地震活跃省份还出台了地方性《工程场地地震安全性评价管理规定》等。

我国的地震规范是统一性的、无地域差别、无主断裂带之间的差异性、无时段上的差异。

2.《中华人民共和国防震减灾法》中地震安全评价对象的规定

《中华人民共和国防震减灾法》第三十五条规定：新建、扩建、改建建设工程，应当达到抗震设防要求。重大建设工程和可能发生严重次生灾害的建设工程，应当按照国务院有关规定进行地震安全性评价，并按照经审定的地震安全性评价报告所确定的抗震设防要求进行抗震设防。建设工程的地震安全性评价单位应当按照国家有关标准进行地震安全性评价，并对地震安全性评价报告的质量负责。

除此以外的建设工程，应当按照地震烈度区划图或者地震动参数区划图所确定的抗震设防要求进行抗震设防；对学校、医院等人员密集场所的建设工程，应当按照高于当地房屋建筑的抗震设防要求进行设计和施工，采取有效措施，增强抗震设防能力。

法规中明确了安全评价的工程类别，以工程为主，强调的是提高工程的抗震设防要求，缺乏强烈地震活动断裂带断口及近场地上的否定条例，缺乏区域上地震活动差异性的规定上的区别，缺乏避让活动断裂带的强制要求。

3.《地震安全性评价管理条例》中地震安全评价对象的规定

(1)国家重大建设工程。对社会有重大价值或有重大影响的工程，一旦遭到破坏会造成社会重大影响和国民经济重大损失的建设工程，包括使用功能不能中断或需要尽快恢复生产的生命线建设工程，如医疗、广播、通信、交通、供电、供水、供气等；

(2)可能发生严重次生灾害的建设工程。受地震破坏后可能引发水灾、火灾、爆炸、剧毒或者强腐蚀性物质大量泄露或者其他严重次生灾害的建设工程，包括水库大坝、堤防和贮油、贮气，贮存易燃易爆、剧毒或者强腐蚀性物质的设施以及其他可能发生严重次生灾害的建设工程；

(3)受地震破坏后可能引发放射性污染的核电站和核设施建设工程；

(4)省、自治区、直辖市认为对本行政区域有重大价值或者有重大影响的其他建设工程；

(5)占地范围较大、跨越不同地质区域的大城市和大型厂矿企业，以及新建开发区；

(6)地震设防要求高于《中国地震烈度区划图》抗震设防要求的重大工程、特殊工程。

该条例是以工程类别为主要研究对象，以抗震设防为主要目的的条例。

4. 依据地震安全性评价结果确定抗震设防的程序

云南功东交通工程一旦成为高速公路，即属于重大工程、特殊工程，对社会有重大意义，如遭到大范围、多段落的破坏，会造成社会重大影响和国民经济的重大损失。地震设防等级会高于《中国地震烈度区划图》抗震设防的要求。

省地震局或中国地震局依据审定的地震安全性评价报告结论，结合建设工程特性和其他综合因素，确定建设工程的抗震设防要求，并下达抗震设防要求审批书。

9.3 地震安全评价中抗震设防要求

1. 依据地震动参数复核结果确定抗震设防要求

必须进行地震动参数复合的工程有：

(1)位于地震动峰值加速度区划图加速度值分界线两侧各 4 km 区域的建设工程。

(2)位于某些地震研究程度和资料详细程度较差的边缘地区的建设工程。

地震动参数复核属于地震安全性评价工作中的地震危险性分析和地震动反应分析，结果有二：地表地震动峰值加速度和地震动反应谱特征周期值(T_g)。

2. 依据地震小区划结果确定工程抗震设防要求

需要进行地震小区划的地区有以下几种：

(1)位于地震动参数0.15g以上(含0.15g)的工程;

(2)位于复杂工程地质条件区域的长距离生命线工程和新建大型、重点、高危工程;

(3)其他需要开展地震小区划工作的工程。

经过地震动参数复核或者进行了地震小区划工作后,且属不需要进行地震安全性评价的建设工程,必须按照地震动参数复核或者地震小区划结果确定抗震设防要求。

地震动参数复核和地震小区划工作必须由具有相应地震安全性评价资质的单位进行,其报告须经省地震局审定。

3. 依据《中国地震动参数区划图》标示的值确定抗震设防要求

依据《中国地震动参数区划图》对地震动参数的使用范围、技术要素、使用规定等进行规定,可直接按照该图标示的值,确定抗震设防要求的建设工程,且建设场地为中硬场地、抗震设防水准是50年超越概率为10%的一般建设工程。

9.4 断口内工程地震安全评价的主题

活动断裂带"断口"概念以往没有被提出来过,交通工程选线多以顺沟布设,很容易与断口有交集,但是在相应的抗震规范中多提到的是地表错动或开裂,对工程地震安全评价有总体的指导意见,比如《建筑抗震设计规范》(GB 50011—2001)的规定:场地内存在发震断裂,当为以下情况之一时,可忽略发震断裂错动对地面建筑的影响:(1)抗震设防烈度小于八度;(2)非全新世活动断裂;(3)抗震设防烈度为八度和九度时,前第四纪基岩隐伏断裂的土层覆盖厚度分别大于60 m和90 m。该规定注重的是地表开裂对建筑物的破坏作用。

断口内多有覆盖层,表现不出沟心处的开裂、错动,断口内主要表现为发震断裂带露头顶部强地震动的破坏作用,以及沟内地质灾害的表现。断口本身就是全新世活动断裂带出露的沟谷,地震安全评价对认定的断口就应该对其内的建(构)筑物的安全性进行论证。断口内的地震安全评价是注重活动断裂带本身的一种评价,是注重断口内断裂带活动引发的地灾的一种评价。比如,小江断裂带功东段中东川盆地内的覆盖层厚度超过了 3 km,东川市主断裂带错动开裂产生的地表开裂不再显现,建筑物承受的是高地震动和地质灾害。

9.5 断口内的地震安全评价需要做出的评价

(1)断口内地震活动性和地震构造评价。

(2)断口内地震工程地质条件勘察与评价。

(3)概率地震危险性分析。

(4)震中地震动参数确定。

(5)沟心两侧土层地震反应分析计算及地震动参数确定。

(6)断口内地震地质灾害评价。

9.6 与现行区划图及地震安全性评价方法体系的不同

根据国外发达国家抗震法规的发展趋势和目前国际上倡导的“建筑物性态设计”的理念,包含了基于“投资—效益”准则,是强调结构“个性”的设计,个性中不但包括建筑物类型和规模的不同,也包括了地震带在建筑物服务年限内的地震表现特性,将投资效益得以实现。依据本方法体系实施的通过强地震预测,确定高等级交通工程的抗震评价和断口场地内的土木工程抗震输入地震动的方法将逐步被吸收到抗震法规之中,将会使结构设计的经济性和可靠性得到很好的满足和协调。直接采用区划图中的指标,是失去个性设计和建筑物形态设计的简单操作,对项目的投资效益缺乏优化措施。

与现行地震安全评价系统的差异:

(1)《防震减灾法》中规定“重大工程和可能发生严重次生灾害的建设工程,必须进行地震安全性评价,并根据地震安全性评价的结果,确定抗震设防要求,进行抗震设防”。

(2)重要工程抗震要求相应的超越概率随工程重要性的增加而减小,重大工程抗震设防要求不应采用《中国地震动参数区划图》规定的50年超越概率10%水准下的地震动参数,而应根据不同的概率水准,按照国家标准《工程场地地震安全性评价技术规范》的要求,通过有针对性的地震安全性评价工作和国家地震主管部门的审定予以确定。例如,我国的核电站的极限安全地震动的概率水准为年超过概率0.01%;水工建筑中,甲类建筑(特大水坝)与承载力相应的抗震设防要求所对应的概率水准为0.02%;城市立交桥工程中,甲A类建筑设计地震的概率水准为100年超越概率10%,罕遇地震的概率水准为100年超越概率2%。

断口内的高速公路、一级公路的设计地震的概率水准可定为50年超越概率10%,断口内的二、三级公路设计地震的概率水准可定为50年超越概率20%,横跨断口上的单体特大桥梁的设计地震的概率水准可定为50年超越概率5%。

(3)关于区划图和地震安全性评价工作的不同,可以归纳为工作的深度和基础数据的精度不同、设防概率水准不同、提供的系数不同(长周期、时程、地震的其他效应)等。地震区划图的基础图件的比例尺较小,现有研究结果表明,对于基岩场地(Ⅰ类土)而言,在50年超越概率10%水平下,加速度或烈度的计算结果是可靠的(基础资料较差的海域和边远地区除外)。对于低超越概率水平的加速度或烈度结果,基础资料精度和分析研究程度会有较大的差异(源自区划图资料)。

(4)综合上述,对于重大工程等需要进行结合实际情况的地震动安全评价,抗震设防要求相应的超越概率随工程重要性的增加而减小,地震动水平高于区划图的规定。直接参照区划图就会造成断口内的地震动水平取值会高于区划图中的规定,或等于图中最高值。地震安评则是细化分析后的结果,从小江断裂带活动性判断,在工程的使用寿命中,地震动水平是不高的。

(5)本项目采用的方法体系与现行地震安全评价的方法不同,给出的地震动参数不尽相同。本项目考虑目标区内将来可能发生的潜在最大震级不超过7.0级、以6.0级左右的地震为主,在某种意义上,超越概率可能大于或近似于某些重大工程的设防水平和设定地震规模。

本次研究采用的强震预测方法体系考虑了震源特性、传播途径特性、场地放大特性、断裂带形态、断口走滑特性,包含了强地震动预测应考虑的各种相关联特性,与此同时,在严格遵循震源机理的基础上,对于震源断层顶部存在的地震动的影响,依据现在可能达到的科学水平尽可能地进行考虑,是对活动断裂带具有针对性的发震机理研究。断层顶部发震时的运动方式是断口两盘发生错动、滑移,其位移幅度大于远离断口两侧的地带。

本方法的预测原则是在基于多年来中外学者对该断裂带的研究成果,确定其可能发生的地震或最大震级的前提下对该断层通过确定的方法进行详细的地震动预测。

本次研究的方法体系不同于现行的《中国地震动参数区划图》和地震安全性评价等抗震法规中使用的设计地震动的设定方法。根据区划图所示,项目起点功山至东川段地震动峰值加速度≥0.40*g*(对应的地震基本烈度为Ⅸ度),地震动反应谱特征周期为0.40 s,设计地震分组为第一组。此结果要大于本文论证的最大Ⅷ度地震烈度值、0.30 s的反应谱特征周期。

现行的抗震法规的基本原则是给出场地的平均地震动,根据过去的地震引入时间概念,将概率统计方法与对象地点的地震危险度的分析相关联,以地震的再现期、抗震设计等级要求的非超越概率之间的关系为基础决定设计地震动(期望值及其变动性)的方法,特定对于对象场所影响大的地震,进行地震动估算等。现行抗震设防标准反映了当时的建筑技术和经济发展的水平。

现行抗震设防标准没有考虑以下因素:①直下型地震的特性,直下型地震的断层位于沟心的正下方或非常接近的地区;②近场地震动的特性,近场地震动与断层的空间展布、断层的破裂形态、断层的特殊地震效应有密切关系;③三维场地效应的影响,三维场地效应包括水平方向的不均匀介质的影响、盆地的各种特殊效应等;④次级断裂在地震中的作用及节点处的特殊作用力;⑤断口内地震、地质灾害的复合叠加作用等。

9.7 针对性的讨论每一条主断裂带及其次级断裂带

发震活动断层的地表断裂迹线或断口,决定了严重震灾带的空间分布特征。

隐伏断裂带地表错动,形成的第一破坏位置是地表错动线(束),跨开裂线的工程遭受直接破坏;第二破坏位置是邻近错动线两侧各几十米的宽度内,宽度幅度与震级有关,地震发生向两侧不对称地迅速衰减,宽度范围内的构筑物承受着高出数倍的震动,近断层处的强地面运动远远大于远离断层的其他区域。

断口有别于隐伏断裂带的地表表现,形成了沟谷,除了沟心错动破坏线(束)、沟心两侧几十米高强度振幅区外,最主要的破坏区域是沟内坡体自山顶逐次向沟心滑塌,其活动伴随着地震震动形成对沟内构筑物的复合型破坏,特别是线状工程,被破坏的段落将大幅度地提高比例,整座工程安全可靠度下降。断口内的地震破坏要比隐伏断层大得多。

断层同震地表错动、临近断裂带高震区、断口内地震时山体滑塌、断裂带自身特殊结构部位(如次级断层的斜列、弯曲、不连续等)是对建(构)筑物的直接毁坏因素,尤其是对位于其中的重要生命线工程、公共建筑、居民住宅和油气罐站等易产生灾害的设施,尽管目前的抗震设防措施可以提高它们的抗震能力,但还无法抵御活动断层错动所产生的直接破坏。

在美国、日本等西方发达国家以及我国的台湾地区,由于房屋建筑物和生命线工程等考虑了较高的抗震设计标准和发震断裂带避让准则,地震时活动断层对重灾带的控制作用十分明显。

这些国家和地区所承受的主活动断裂带的数目是有限的,或者是单一的,所颁布的地震法规或规范都是针对其国内具体的某个活动断裂带,虽然美国东、西海岸主活动断裂带有数条,但都是以州为单位颁布的州一级的地震法规,比如美国加州颁布的抗震设防标准是针对圣安德里斯(San Andreas Fault)、朋地丘(Puente Hills Fault)与 Oakridge 三大相关联的断裂束,与东海岸纽约地区的法规是不同的。针对性技术指导在这些国家是很明显的,其技术对我国只具有参考价值,不具有细节上的类同性。每一条大的亚级板块间的活动断裂带(束)特性都不相同,需要有区别的对待、处理。

因此,针对性地探明具有发震能力的活动断层的空间位置、发震性质、断口地灾、隐伏条件等,并使重大工程、生命线工程、住宅区等重要建筑设施避开强烈活动断层一定距离,或者避开断口,不仅可以避开活动断层对地面建(构)筑物的直接破坏,而且受近断层强地面运动的影响也会明显降低,积极而有效地减轻地震造成的危害。

地震安全评价在针对特定的活动断裂带这方面应该是有的放矢地研究。对期间内的特殊工程应该具有直接否定的作用。

否定的条件是:

工程所在断裂带上时:①抗震设防烈度大于Ⅶ度;②全新世活动断裂;③地质灾害产生叠加作用的断口内。

另外可以明确的特殊地质工程环境:场址为已探明的活动断层(或隐伏活动断层)两侧及其延长线,以及其次级断裂带影响范围内的工程;场址位于已查明的地裂缝带影响区内的工程;在煤矿采空区界内的新建工程;河道或古河道一级阶地内砂土液化地区。

地震安评中地质、地震给予否定的工程类别为:重大工程、生命线工程、住宅区等重要建筑设施。重大、重要建设工程的区分:甲类工程、公路干线、公路铁路立交桥。生命线工程:对社会生活、生产有重大影响的交通、通信、供水、排水、供电、供气、输油等工程系统。

小江断裂带断口内的功东交通工程如果按照高等级交通工程来规划,属于重大工程、高投入工程,亦是需要通过地震安评否定掉的工程;如果按照生命线工程考虑,则高等级公路工程更不具备这方面的功能,其工程复杂、构筑物庞大,震后恢复能力是最弱的。地震、地质评价即可对该工程的设计等级(规模)进行降级,也可对交通类型进行选择,普通公路的抗震敏感度要低于铁路工程,在该断口内可选择低等级的公路交通工程,避免高速公路和铁路的建设。

9.8　断口内避让带宽度的确定

离开断层滑动面的距离根据建筑物的类型有所不同,目前除美国加州和新西兰在法律上制定了相关活动断层法案,其他国家还只是依据行业规范和习惯做法。日本和美国在大坝建筑,要求堤坝离开具有发震能力的活动断层300 m以上。加州地震断层法律规定,城市防灾要求断层50 ft(约15 m)(1 ft =30.48 cm)以内不准开工新建筑。这些条例是针对建筑物类型和等级以及断裂带自身状况而言的,断口中交通工程的避让宽度需另做论证。

建筑物离开活动断层多少合适的判定标准,是根据断层发生错动产生的地表强变形或破裂带的宽度确定的,也与交通工程的等级也有很大关系。地表变形给建筑物带来的变形影响(影响圈)的预测非常重要。

线状交通工程建设避让活动断层,实际上需要避开的仅是直接能够产生地表破裂的、未来同震的错动面或滑动面,同时避免采用复杂工程来回跨越滑动面或露头。确定“避让带”宽度的原则是有效避开活动断层同震错动对地面构筑物的直接破坏,减轻可能遭遇的地震灾害损失。目前,确定活动断层避让带宽度的具体方法有两种:同震地表破裂带宽度统计法;跨断层地质探槽剖面分析法。但小江断裂带该段范围内断裂带露头被深度掩埋,滑动面不宜被探测到,发震时沟心也极少能观测到错动面,因此,该交通工程只要在沟心的一侧坡体内布置即可认为已经避开了滑动面或露头,沟心或河床内的工程,比如互通立交,可视滑动线露头的被掩埋深度来论证。

小江断裂带功东段,河流上游断裂带沟心狭窄,滑动线露头覆盖深度不大,约为几十米,下游宽阔地带,被覆盖厚度最深可达3 km以上,这也是断口内断裂带露头的特点,基本被沟心沉积层覆盖,但又不属于隐伏断层,毕竟断口内的两侧坡体和地质表现仍在显示出断裂带的活动性。

该断口内两侧山体顺坡下滑的趋势比较明显,生成了断裂带滑动衍生出的地质滑动面,工程将主要面对这类滑动面,主断裂带的同震错动面反而是次要的。

该段落两侧山体或者说是两盘,地震时发生明显的错动,平时发生持续的蠕滑运动,由于沟心到山体之间在滑动中有拖拉作用,沟心覆盖层和山体之间有差异性错动,形成坡体内沿沟方向的剪切力,会造成山体坡面开裂,产生下滑的势能,从沟心到坡顶内的非固化物质会被切割下来,受阻部位形成更大的内聚力。地震时形成更大的地质灾害,与地震动共同形成地震灾害,断口内的地震灾害要远远大于平原地带的发震受害程度,也远远大于断口外的破坏程度。断口内两盘山顶之间的距离范围内形成发震断裂带近场复合强运动,是近场地内避让中最小的宽度。另外,断口内因为坡体下滑,连带作用强烈,新开裂、滑坡体叠加,都将属于地震活动的地质表现,因此断口宽度内都属于避让带。

该工程作为大型高等级工程主观上应该避让开此宽度,地震安全评价应该明确指出针对此类大型项目需要避让的强制意见。

9.9 功东段断口内近场强地面运动分析

在对破裂段未来危险性预测前,首先要明确时间尺度的概念。以地质历史的尺度来衡量,几百年或几千年都可看作是未来短时间,但以地震预报时间尺度来衡量,大于30年就认为是长期预报,3~30年认为是中长期预报,1~3年以内为中期预报,1年左右为中短期预报。但以工程为主要服务目标的年限,应该以主体工程的设计使用年限为时间尺度,把未来时间确定为100年或50年,与线路中桥隧主体工程的服务年限相匹配:高速公路和一级公路中的“特大桥、大桥、重要中桥和隧道”工程的设计服务年限100年,一级公路以下为50年或30年。

为保证工程功能的安全,要求所设计的工程在常遇(使用期内可能遇到几次)的小震下,工程基本无损,无需修理即可继续使用;在难得一遇的中震下,经修理后仍可继续使用;而在不大可能遭遇的特大地震下,可以容许工程破坏,但仍不倒塌,以保证人身安全,地震后此工程可能报废:即所谓小震不坏、中震可修、大震不倒的功能要求。我国现行抗震设计规范就采用此原则，与小、中、大震的地震动相应的超越概率分别为50年内63%、10%、2%，即大体相对于80年、500年和1 000年一遇。

根据《公路桥梁抗震设计细则》对桥梁的抗震设防目标：A类桥梁的抗震设防目标是E1地震作用(重现期约为475年)不应该发生损伤，E2地震作用(重现期约为2 000年)下可产生有限损伤，但地震后应能立即维持正常交通通行；B、C类桥梁的抗震设防目标是E1地震作用(重现期约为50~100年)下不应发生损伤，E2地震作用(重现期约为475~2 000年)下不致倒塌或产生严重结构损伤，经临时加固后可供维持应急交通使用；D类桥梁的抗震设防目标是E1地震作用(重现期约为25年)下不应发生损伤。

本项目顺沟布设，如按照高速公路、一级公路规划，桥梁单跨不会超过150 m，属于B类桥梁，计算分析桥梁、隧道工程场地50年超越概率63%(重现期50年)、10%(重现期475年)、2%(重现期2 475年)的基岩地震动参数。阻尼比取0.05。最不利的桥梁是横跨断口，单跨可能会达到几百米，属于A类桥梁，本项目没有此类桥梁。

如按照二、三级公路设计，桥梁、隧道即属于C类，桥梁、隧道工程场地计算分析可成为次要的附加值。阻尼比可取0.02以下的值。

由此可见，工程等级(规模)越高，其桥梁、隧道的抗震强度越高、投资越大。在断口内修建交通工程的策略就是将工程等级尽量降低到低等级，尽量控制交通流量，而不是任其自由增长。

使用的预测方法主要依据历史地震发生情况和地质构造背景，其本质属于非确定性方法。对某一破裂段我们只能给出未来短时间内地震危险性较高或较低，这种判断的结果有相当大的不确定性，方法本身并不能给出发生地震的具体概率。人们对小江断裂带上的地震活动规律也没有彻底了解清楚，因此对各个破裂段未来短时间内的地震危险性预测还是粗略的定性的结果。

谢礼立院士等提出的“最不利设计地震动”的概念，是指在给定的烈度和场地条件下，能使结构的反应在这样的地震动作用下处于最不利的状态，即处于最高的危险状态下的真实地震动。断口内地震条件下预测的近断层强地震动场可看作现实际情况中的一种最不利地震动场地，此概念应建议在新建的重大项目设计中使用。

小江断裂带功东段活动断裂不仅是地震的发源地，而且地震时沿其断口破坏最为严重，地质灾害和人员伤亡也明显大于断口外两侧的其他区域；7级以上地震往往造成断口两侧山体数米的错动，目前的抗震设防措施还难以阻止这种同震地表错动对地面设施的直接毁坏，常常会沿活动断层断口形成毁灭性灾害带。小江断裂带功东段断口就属于“最不利设计地震动”所在地带。地质灾害点沿断口纵向高密度同震发生，在地震安评和地灾评价调查中每个地灾点都无法完全掌握。汶川地震中地震与地灾共同作用下的灾害叠加效果如图9-1、图9-2所示。

图9-1　地震与地灾共同作用下的沟内灾害视图一

小江活动断裂带在过去数十万年至上百万年期间发生过无数次错动，以及在新生代早期和新生代时期均在活动，其破碎带宽度平均数百米，个别可达数公里量级，滑动面或主滑移面局限在断裂带内很窄的地段，且断裂带露头被沟心碎石层覆盖，错动迹线不宜被观察到，沟内地面建筑设施无法明确避让地表活动线，只能按照断口内沟心为左右两盘滑动的分界线，这样会有偏差，但对工程而言识别滑动面也就足够了。

根据对小江断裂带具体段落和整体段落的多年研究，王一鹏和宋方

图 9-2　地震与地灾共同作用下的沟内灾害视图二

敏等多名学者对该段落的发震强度进行了预测,本次研究中,又利用构造类比法、发震构造鉴定确定性方法和强震复发模型概率计算法评估出小江断裂带上的未来数十年内的强震危险地段,并对功东段断口内地震危险性进行了分析,结果显示出较好的一致性,得出:

(1)东支断裂中南段发生中强地震的可能性较高。

(2)历史上曾发生 $M \geqslant 6$ 级强震或产生过地表破裂的断裂段,今后短时间内的地震危险性小。例如西支断裂的苍溪—阳宗海段、东支断裂的达朵—东川段、小新街—徐家渡段,两种分析结果所得地震危险性皆较小。

(3)历史上没有发生过 $M \geqslant 6$ 级强震,也没有发生过地表破裂的断层段。两种分析结果所得地震危险性程度均较高,例如西支断裂达朵—苍溪段。

(4)东支断裂功山—寻甸段,两种分析结果所得的地震危险性皆较大。指出工程段落内东支发震级别在 6.0 级左右,不超过 7.0 级,但平时的蠕滑运动明显。

另考虑到发震时地质灾害的叠加作用,可将抗震设防等级保守地定为Ⅷ级,以作为设计中的主要地震制约参数。

1. 小江断裂带的发震特点

(1)强震的原地重复间隔相对较长

小江断裂带6级以上强震重复发生的时间都较长,不仅在一个特殊构造点上重复时间长,即使在一个破裂段上其重复间隔也较长。那些历史上已有强震发生的破裂段和特殊构造点在未来短期时间内,其地震危险程度较低;那些历史上无强震发生的破裂段和特殊构造点在未来短期内,其地震危险程度较高。

(2)强震对相邻特殊构造点地震危险的滞后效应

小江断裂带上的许多特殊构造点地理位置上相邻,在构造上相连,属同一破裂段。当一处发生地震时,其余点所在位置也产生地表破裂,同样会释放出大量能量,这些点再发生同一级别强震的时间就要大大滞后,未来8级左右地震的危险性较低。但是这些点上仍存在发生6级左右地震的危险。

(3)破裂空段两端的闭锁点是未来强震最可能发生的地点

小江断裂带上东支功东段断口段,属于破裂空段,断裂破碎带滑移相对自由,较大的反应为蠕滑,向南端聚集能力,在近期没有发生过大于6级的强震,其周围的破裂段均不同程度地发生了大于6级的强震,功东段最近不会发生强震,但南端闭锁段上是最有可能发生强震的构造。

2. 功东段地震危险性定性分析的结论

历史强震破裂段和未来强震破裂段包括区域内的断裂带几何分段的绝大多数,小江断裂带绝大部分几何段都具备发生6级以上强震的构造条件。只有极个别的2个断裂不具备发生6级以上强震的可能。另外,对所有具备发生6级以上强震的断裂和破裂段而言,并非全段的任何部位都会发震,只有具备特殊构造条件的点上才会发震。

这些特殊条件是:①次级剪切断裂与拉分盆地内部张剪切断层的交汇部位;②次级剪切断裂与其他断裂的交汇;③同一条次级剪切断裂的分支或走向弯曲部位。

东川7.75级地震破裂段的特殊构造点为达朵以北和东川北绿茂唐、

紫牛坡点。蒙姑—东川次级剪切断裂与东川盆地东北缘断裂交汇处，1966 年曾发生 6.5 和 6.2 级强震。构成破裂段的两条次级剪切断裂都是晚更新世至今强烈活动的段落，全新世中晚期以来的左旋走滑平均速率 3.4~6.8 mm/a，多以地震时的震移累计为主，其延伸长度80 km以上，今后仍具备发生 7~8 级强震的条件。

小江断裂带上地震的发生时间和空间分布都不均匀。

3. 功东段的地震危险性定量分析的结论

小江断裂带的历史地震震级较大，但复发间隔较长，滑动速率较大，不仅有 7.75~8 级的特大地震，也有 6.5~7 级的次级强震和 5~6 级的中强地震。因此，地震危险性分析可以分为两部分内容，第一部分是在断裂能量的积累过程恒定或变化可以预测或扣除的前提下，分析断裂滑动速率、离逝时间、次级地震频度与可能发生的地震震级之间的关系，从而对指定时间内，待发生地震的震级进行预报，即在 2000 年、2050 年和 2100 年内对各断层或震源区的潜在地震震级进行预测。第二部分是在特征地震模型的基础上，首先对特征地震的复发间隔进行全面分析，通过次级地震的频度推测相对蠕动速率，利用滑动速率、地震的平均位移、震级和不同的相对蠕滑速率获得多个平均间隔数据，然后在它们的平均值与由古地震资料获得的平均复发间隔综合平均，从而得到一个比较全面反映活动断裂多种信息的复发间隔数据，该数据的标准差也综合了各种因素带来的不确定性，为后面的概率分析提供了可靠的资料。最后，采用概率分析的方法，对断裂带内主要断裂段复发历史强震的概率进行计算，其结果表明，各段在未来 50~100 年内复发历史强震的可能性很小，只有东支断裂中段有复发 6.5~7 级地震的可能；这进一步说明，要重视小江断裂带的次级强震或中强地震的危险，因为目前断裂带的许多段落已经积累了可以发生 6~7 级地震的能量。

功东项目建筑物主要抗拒的是地震中的蠕变，地震最高不超过 6.5 级。断口内的地质灾害是工程承受的主要灾害。蠕变对隧道、桥梁、路基边坡都呈现出长期稳定性的破坏。针对此方面，可以降低工程等级，从而降低设防强度和工程造价。

以上阐述说明了震中各点的发震情况预测,看似相互独立,但对工程而言,断裂之间的联震、共震、共同体作用都还需要再深入了解。不能单一的看一个点,在一个范围内、一条断裂带内多个点是联动的,是相互有影响的。断裂带中的阻断点和次级断裂带端口的震幅判断为强活动位置,工程尽量以简单工程通过。

9.10 功东段断口内地震安全性评价的总结和对交通工程的建议

看似一条活跃的大型断裂带,在未来的百年时间段内,预测到的地震等级并不高,断口内相应的抗震设防等级最大不超过Ⅷ度,断口内的运动主要以蠕滑为主,前期一百年内也表现为此特征。地震对工程的直接破坏能力不高,从而在工程抗震设防设计、资金投入上可大大降低。

功东段断口内的坡体为第四纪全新世地震扰动过的地层,地灾对工程将起到主要的破坏作用,工程多数段落会遇到被推倒、掩埋、颠覆的后果。避免隧道选择在断口内的次级滑塌、断裂层位内;桥梁不可避免地会跨越横向次级断裂带交汇口上,桥型的抗位移功能要强大;路基要避免造成工程滑塌。公路等级建议由高等级变到低等级,从而工程横向宽度会由60多米降到20 m以下,隧道由双洞变为单洞,桥墩至少减少一半,路基高填高挖数量降低,对断口内的地质扰动变少,抗灾效果相对提高。

10 总　结

通过功东高速公路对活动断裂带核心区的针对性调查，加上与第四纪环境和地震、地质灾害在成因上和空间上的关联性，可以确定：小江活动断裂带在本段内属于具有潜在突发性地震灾害源和无震蠕滑地质灾害源，而且蠕滑运动或者称为震后反应是十分强烈的，此段落内，地震运动和蠕滑运动处于活动强烈期，本段内又分出了强烈程度不同的段落，断裂带活动的表现形式为断口内的"滑崩流"。

活动断裂带断口内的地震反应已经超出了地震动参数图参考范围，断口内有其自身的特殊性，与沟谷外百米以外都有很大的差距。避让活动断裂带断口应是重大工程场地选择、核电站选址和城市生命线工程布设的重要准则，是项目可行性的重要评定指标。

10.1　小江活动断裂带的地位

小江断裂带属于一级板块内部的次级构造带，属于板块内构造运动的接触面。是亚洲大陆内部一条极为活跃的断裂带，现在仍具有强大的活动性，被视为全球近代最活跃的断裂之一，是世界上著名的强震带、活动带、应力显现带。伴随着频繁且强烈的地震，近几百年内该区域承受着地震频发、地震灾害的地质改造运动，另在地形上显示出极其醒目的线性形象。

活动性极强且蠕滑运动高于地震运动，断裂带断口呈显像的沟谷状，与其他隐伏断裂带相比,是国内最为显像的活动断裂带之一。

10.2 断裂带断口概念

断裂带断口是断裂带的一部分,是断裂带出露地表后的表现形式,显像出来的沟谷形式反映出断裂带地表上的整体样式,横向次级断裂带是主断裂带整体上的一部分,该类断裂带可被称为裸露断裂带,当沟谷被掩埋、沟谷内的活动迹象被掩盖,则称为隐伏断裂带。

活动断裂带断口内活跃着的两盘坡体具有逐渐向沟心垮塌的趋势,具有对沟心或者是断层物质出露头逐渐掩埋过程,两盘山体内存在着挤压应力或者是内涨蓄能。活动断裂带断口内活跃程度的差别,与断裂带下部的活动呈相关性;断口受断层物质出露层位的不同和后期水流冲刷方向、携带能力的不同,断口会被分为断口垭口段、断口中间剥蚀段、沟口碎裂段。

活动断裂带断口与一般性沟谷是不同的,断裂带外在表现的沟谷可称之为断裂带断口。一组断层束的地表形式也属于此概念。

10.3 发震断裂带断口内地震反应

发震活动断裂带断口展现出严重震灾带的空间分布特征、地震能的扩展分布走向。对断口破坏最严重,且几乎难以抗拒的因素是通过断层物质体内错动后冲出来的地震动能,这种能量以在断口内纵向传播为主要扩散、消能方式,自身的次级断裂带都是消能通路,横向次级断裂带走向与发震方向呈小夹角时,此次级断裂带破坏力就强烈,反之亦然。同时地震动能向沟谷两侧不对称地迅速衰减,横向消耗的能量只占较低的水平。

尽管目前的抗震设防措施可以提高构筑物的抗震能力,但施加的地震力具有方向性和段内定值,属于断裂带横向衰减过程中的力,没能体现出断口内混杂的更复杂的力,因此提高抗震能力还无法抵御活动断裂带错动所产生的直接破坏。

地震时活动断裂带对重灾带起着明显的控制作用,沿地震断裂带的这一重灾带不因局部场地条件的差异而发生本质变化,地震作用平面展布空间分布在很大程度上取决于地震在断口内的传播方向,以及活动断裂带本身的几何结构特征,比如次级断裂带的走向、数量、断层盆地位置等。地震力在断裂带内传播具有方向性,并带动整个断裂带向一端冲挤。活动断裂带的地震表现均在其断口内发生和体现。

除活动断裂带同震错动对两盘山体、沟内构筑物的直接破坏外,地震断裂带同震错动产生的近断层强地面运动的影响是沟谷内余力扩散的结果,随着距离的加大,地震力消减。

10.4　避让宽度和深度

对重大工程、高投入工程、住宅区、水库库区、生命线工程等应避开活动断裂带断口,避让距离不小于沟谷两侧坡顶之间距离。具体的避让要求,目前除美国加州和新西兰在法律上制定了相关活动断层法案,其他国家还只是依据行业规范和习惯做法。日本和美国在大坝建筑,要求堤坝离开具有发震能力的活动断层 300 m 以上。美国加州地震断层法律规定,城市防灾要求断层 50 ft(15 m)以内不准开工新建筑。这些数值都不适合断裂带断口,多以地表出露断裂或隐伏断层为基准规定。

断口内的断层物质基本都被断层上覆沉积层覆盖,沉积层越厚,受发震断裂带控制的变形带越宽,受活动断裂带蠕滑控制的变形越大。但当沉积层厚度超过某一临界值时,地震破坏力将转向到其他结构段内,蠕滑变形也会被覆盖层所渐灭。因此在一定厚度垭口上部是可以布设路线工程的。

10.5　活动断层近场强地面运动预测

谢礼立院士等首先提出了最不利设计地震动的概念,是指在给定的烈度和场地条件下,能使结构的反应在这样的地震动作用下处于最不利的状态,即处于最高的危险状态下的真实地震动。断裂带断口内的地震动要比沟外紧邻地带的值要大很多,是地震动峰值所在地,预测到的最强地震可能要高出地震动参数参考值 2 级。

10.6 断裂带与工程需求上的矛盾

对于与小江断裂带东支并行的功东高速公路处于毁灭性的灾害带内,无论是蠕滑阶段还是地震事件,都将给其带来巨大的经济损失。沟谷内生命线工程可按低等级公路建设,尽量以低路基形式避绕地质灾害,顺势而行,灾后便于及时恢复。生命线工程等级越高,越不具备生命通道的作用。

10.7 小江断裂带功东段泥石流的成因

该段泥石流频发是该段断裂带活动的表现,是两盘山体向沟心垮落的终极体现,泥石流固体物质来自活动断裂带蠕滑和地震的结果。另外,本沟具有足够大的纵坡和极低的出口,汇水面积集中,有一定的冲刷携带能力。

参 考 文 献

[1]胡聿贤. 地震工程系[M]. 2版. 北京:地震出版社,2005.
[2]徐锡伟,赵伯明,马胜利,等. 活动断层地震灾害预测方法与应用[M]. 北京:科学出版社,2011.
[3]张建国,杨润海,赵晋民,等. 昆明活动层探测[M]. 昆明:云南出版集团公司,云南科技出版社,2011.
[4]黄福明. 断层力学概论[M]. 北京:地震出版社,2013.
[5]梁干,吴业彪,等. 广州市活动断层探测与地震危险性评价[M]. 北京:科学出版社,2013.
[6]翟明国,肖文交. 板块构造、地质事件与资源效应——地质科学若干新进展[M]. 北京:科学出版社,2015.
[7]徐锡伟. 活动断层、地震灾害与减灾对策问题[J]. 震灾防御技术,2006(3):7-14.
[8]傅征祥,刘桂萍,邵志刚,等. 板块构造和地震活动性[M]. 北京:地震出版社,2009.
[9]夏其发,李敏,常庭改,等. 水库地震评价与预测[M]. 北京:中国水利水电出版社,2012.
[10]成永刚. 滑坡区域性分布规律与防治[M]. 北京:人民交通出版社,2014.
[11]祁林卫,玛琳,尹福国. 青海萨尔托海引水枢纽工程活动断层成因分析及抗震加固设计[J]. 新疆水利,2003(6):13-16.
[12]郭明珠,张皎,唐柏林. 基岩地震动峰值加速度与有效峰值加速度关系研究[J]. 北京工业大学学报,2008(5):24-29.
[13]郭明珠,杨毕康,邢国良. 二滩拱坝强震台阵记录的四川普格加速度记录[J]. 地震工程与工程振动,2002(6):12-17.
[14]郭明珠. 坝址地震动参数选择和大坝强震观测研究[R]. 北京:中国水利水电科学研究院博士后出站报告,2002.

[15]郭明珠,唐柏林,苏克忠. 中国水工结构强震监测介绍[C]. 中国地震工程会议论文集,2002.

[16]郭明珠,谢礼立,苏克忠. 地脉动机制分析方法研究[J]. 世界地震工程,2002(2):17-23.

[17]李坪,杨美娥,赵东芝. 城市规划中抗震减灾的新构想——强震发生断层的发现和启示[J]. 中国工程科学,2007(7):1-6.

[18]陈卓,梅伟. 小江活动断裂带建坝地质问题及对策措施[J]. 水利水电技术,2007(12):66-69.

[19]欧阳秀兰,占文锋. 断层模拟中 FLAC 模拟方法的对比研究[J]. 北京工业职业技术学院学报,2006(4):77-81.

[20]冯启民,赵林. 跨越断层埋地管道屈曲分析[J]. 地震工程与工程振动[J],2001(4):80-87.

[21]刘启方,袁一凡,金星,等. 近断层地震动的基本特征[J]. 地震工程与工程振动,2006(1):1-10.

[22]王启耀,蒋臻蔚,彭建兵. 全新活动断裂和地裂缝对公路工程的影响及对策[J]. 公路,2006(2):104-108.

[23]王永刚,丁文其,景韧. 关山隧道断层破碎带三维有限元地震动力响应[J]. 公路交通科技,2011(8):115-119,135.

[24]杜炜平,古德生. 隧道通过断层区的力学特性与技术对策研究[J]. 西部探矿工程,2000(5):1-2,79.

[25]梁文灏,李国良. 乌鞘岭特长隧道方案设计[J]. 现代隧道技术,2004(2):1-7.

[26]曾凡稳. 地质构造与公路工程建设关系研究[J]. 公路工程,2010(5):141-143,147.

[27]雷谦荣. 地震带的隧道开挖[J]. 地下空间,1994(2):138-144.

[28]黄支余,雷良蓉,周健. 三峡库区公路建设中地质灾害与地质构造的关系[J]. 重庆交通学院学报,2006(S1):96-98.

[29]毛应生,柳丽英,王德信,等. 西安市地裂对市政构筑物的破坏机理与对策的探讨[J]. 城市道桥与防洪,2002(2):1-6.

[30]郭恩栋,邵广彪,薄景山,石兆吉. 覆盖土层场地地震断裂反应分析方法[J]. 地震工程与工程振动,2002(5):122-126.

[31]郭恩. 近断层强震地面运动的研究[D]. 北京:北京工业大学,2011.

[32]马润勇. 青藏高原东北缘构造活动及其工程灾害效应[D]. 西安:长安大学,2003.

[33]冯启民,邵广彪. 近断层地震动速度、位移峰值衰减规律的研究[J]. 地震工程与工程振动,2004(4):14-24.

[34]严松宏. 地下结构随机地震响应分析及其动力可靠度研究[D]. 成都:西南交通大学,2003.

[35]王琼. 跨断层隧道地震反应分析[D]. 哈尔滨:中国地震局工程力学研究所,2011.

[36]高峰. 地下结构动力分析若干问题研究[D]. 成都:西南交通大学,2003.

[37]吕涛. 地震作用下岩体地下洞室响应及安全评价方法研究[D]. 武汉:中国科学院研究生院(武汉岩土力学研究所),2008.

[38]黄胜. 高烈度地震下隧道破坏机制及抗震研究[D]. 武汉:中国科学院研究生院(武汉岩土力学研究所),2010.

[39]王焕,李海兵,裴军令,等. 汶川地震断裂带结构、岩性特征及其与地震活动的关系[J]. 第四纪研究,2010(7):768-778.

[40]田洪水,李洪奎,王金光,等. 沂沭断裂带及其近区的地震成因岩石新认识[J]. 地球学报,2007(5):496-503.

[41]刘明军,李松林,张先康,等. 海原断裂带断层通道波观测与破碎带宽度[J]. 物探与化探,2004(6):549-552.

[42]李碧雄,邓建辉. 龙门山断裂带深浮沟段断层物质的物理力学性质实验研究[J]. 岩石力学与工程学报,2011(增1):2653-2660.

[43]马瑾,单新建. 利用遥感技术研究断层现今活动的探索——以玛尼地震前后断层相互作用为例[J]. 地震地质, 2000,22(3):210-215.

[44]李振,彭华,马秀敏,等. 地震断层摩擦残余热量异常测量方法探

讨——以 WFSD-1 钻孔温度测量为例[J]. 地质力学学报,2011,17(1):15-26 .

[45]涂文传,宋传中,任升莲,等. 北秦岭瓦穴子—乔端断裂带的构造特征及形成温度—压力条件探讨[J]. 地质论评;2013(7):670-679.

[46]田勤俭,丁国瑜,等. 拉分盆地与海原断裂带新生代水平位移规模[J]. 中国地震,2002(2):167-175.

[47]施发奇,尤伟,付云文 . GPS 资料揭示的小江断裂近期运动特征[J]. 地震研究,2012(2):207-212.

[48]李乐,陈棋福,钮凤林,等. 基于重复微震的小江断裂带深部滑动速率研究[J]. 地球物理学报,2013(10):3373-3384.

[49]王海燕,高锐,尹安,等. 深地震反射剖面揭示的海原断裂带深部几何形态与地壳形变[J]. 地球物理学报,2012(12):3902-3909.

[50]李碧雄,邓建辉. 龙门山断裂带深溪沟段断层物质的物理力学性质试验研究[J]. 岩石力学与工程学报,2011(增1):2653-6660.

[51]苏生瑞,朱合华,王士天,等. 断裂物理力学性质对其附近地应力的影响[J]. 西北大学学报(自然科学版),2002(6):655-658.

[52]张雷,何昌荣. 粘土矿物的摩擦滑动特性及对断层力学性质的影响[J]. 地球物理学进展,2014(2):620-629.

[53]李金成. 拉日铁路地热隧道方案比选研究[J]. 铁道工程学报,2011(4):42-46.

[54]雷俊峰. 拉日铁路吉沃希嘎隧道地热影响分析及工程对策[J]. 铁道建筑,2013 年(9):31-33.

[55]杨新亮. 拉日铁路吉沃希嘎隧道地热异常特征与防治措施分析[J]. 铁道标准设计,2014(7):107-112.

[56]孟召平,彭苏萍,黎洪. 正断层附近煤的物理力学性质变化及其对矿压分布的影响[J]. 煤炭学报,2001(6). 561-566.

[57]郭明珠,谢礼立,高尔根,等. 利用地脉动进行场地反应分析研究综述[J]. 世界地震工程,1999(3):14-19.

[58]郭明珠,宋泽清. 论地脉动场地动力特性分析中的 Nakamura 方法

[J]. 世界地震工程,2000(2);88-92.
[59] 郭明珠. 地脉动波场分析及其单点谱比法研究[D]. 哈尔滨:中国地震局工程力学研究所(博士论文),2000.
[60] 郭明珠,毛志清,魏秀丽,等. 伽师强震群地震动特点与震源机制关系研究[J]. 地震工程与工程振动,2002(1):28-31.
[61] 卓雅. 舟曲县泥石流特征与防治现状研究[D]. 兰州:兰州大学,2014.
[62] 张成勇. 舟曲泥石流地质灾害形成原因分析[J]. 甘肃水利水电技术,2010(12):44-46.
[63] 徐雨晴,何吉成. 中国铁路滑坡崩塌灾害分析[J]. 防灾科技学院学报,2014(4):44-46.
[64] 杜宇本,袁传保,王彦东,等. 成兰铁路主要地质灾害与地质选线[J]. 铁道标准设计,2012(8):11-15.
[65] 宋章,张广泽,蒋良文,等. 川藏铁路主要地质灾害特征及地质选线探析[J]. 铁路标准设计,2016(1):14-20.
[66] 吴为禄,李光伟,胡清波. 既有铁路地质灾害信息系统研究[J]. 铁道工程学报,2006(增刊):248-251.
[67] 张梁. 减轻地质灾害与可持续发展[J]. 地质灾害与环境保护,1999(4):1-6.
[68] 江一鹏,宋方敏,曹忠权,等. 小江活动断裂带地质图(附光盘1:50 000)[M]. 北京:地震出版社,2013.
[69] 魏文薪,江在森,武艳强,等. 小江断裂带的运动及应变积累特征研究[J]. 大地测量与地球动力学,2012(4):11-15.
[70] 龚红胜. 小江活动断裂带昆明段与地质灾害的耦合关系研究[D]. 昆明:昆明理工大学,2007.
[71] 钱晓东,秦嘉政. 小江断裂带及周边地区强震危险性分析[J]. 地震研究,2008(10):354-361.
[72] 中国地震局.中国地震活动断层探测技术系统技术规程 JSGC-04[S]. 北京:地震出版社,2005.

[73] 罗钧．川滇块体及周边现今震源机制和应力场特征研究[D]．哈尔滨：中国地震局地震预测研究所，2013.
[74] 黄来源，南赟，赵金发，等．昆明市东川区城市后山地区泥石流特征及防治[J]．城市地质，2014(4)：39-45.
[75] 雷发洪，胡凯衡，马超，等．云南蒋家沟古泥石流特征[J]．山地学报，2013(3)：218-225.
[76] 王继康．从环境因素探讨东川铁路泥石流的发展趋势[J]．铁道工程学报，1989(1).
[77] 陈光曦．东川铁路泥石流防治的建议[J]．铁道工程学报，1990(1)：43-46.
[78] 杨开俗，姚一江，孟河清．中国山区铁路泥石流灾害及其防治对策[J]．铁道学报，1990(3)：72-81.
[79] 雷发洪，胡凯衡，马超，等．云南蒋家沟古泥石流特征[J]．山地学报 2013(3)：218-225.
[80] 云南省昆明市寻甸功山-东川高速公路建设项目地质灾害危险性评估报告[R]．大理：云南南方地勘工程总公司，2012.
[81] 张迎春．铁路泥石流灾害风险评价与防治研究[D]．北京：北京交通大学，2007.
[82] 李娟．三峡大坝对川西地区地震活动影响的研究[D]．成都：成都电子科技大学，2014.
[83] 郑升宝，蒋树屏，李鹏．活动断层区隧道破坏特点及应对方法[J]．公路工程，2013(4)：25-28，33.
[84] 李耀方．东川铁路支线勘测设计的回顾[J]．路基工程，1992(6).